一般相対性理論

P.A.M.ディラック
江沢 洋 訳

筑摩書房

Paul Adrien Maurice Dirac
GENERAL THEORY OF RELATIVITY
Copyright © 1975 by John Wiley & Sons, Inc.
Japanese translation rights arranged with John
Wiley & Sons, Inc. through Japan UNI Agency, Inc.

はじめに

　アインシュタインの一般相対性理論は，物理世界を記述するのに曲がった空間を必要とする．だから，物理の上っ面をなでるだけの議論では満足できないという人は，曲がった空間をあつかう正確な方程式をたててかからなければならない．それをする方法は確立されているが，しかし，やや複雑である．アインシュタインの理論を理解したいと思う学生は，これを，どうしてもマスターする必要がある．

　この本は，フロリダ州立大学の物理教室における講義がもとになってできたもので，必要にして不可欠な素材を簡明直截に提示することをめざしている．予備知識としては，特殊相対性理論の初歩と場の量の微分法というより以上のことは，なにもいらない．この本によれば，学生諸君は，最小の時間と労力でもって，一般相対性理論のもっともわかりにくいところを突破し，興味のわいた問題の専門的な研究にはいってゆくことができるようになるであろう．

P.A.M. ディラック

フロリダ州テラヘッシー
1975 年 2 月

目　　次

はじめに

1. 特殊相対性理論 …………………………… 9
2. 斜　交　軸 ………………………………… 13
3. 曲　線　座　標 …………………………… 18
4. 似非テンソル ……………………………… 23
5. 曲がった空間 ……………………………… 25
6. 平　行　移　動 …………………………… 27
7. クリストッフェル記号 …………………… 34
8. 測　地　線 ………………………………… 38
9. 測地線の停留性 …………………………… 41
10. 共　変　微　分 …………………………… 45
11. 曲率テンソル ……………………………… 50
12. 空間が平らであるための条件 …………… 53
13. ビアンキの関係式 ………………………… 55
14. リッチ・テンソル ………………………… 57
15. アインシュタインの重力の法則 ………… 60
16. ニュートン近似 …………………………… 62
17. 重力による赤方偏移 ……………………… 67
18. シュヴァルツシルトの解 ………………… 70

19.	ブラック・ホール	74
20.	テンソル密度	81
21.	ガウスの定理，ストークスの定理	84
22.	調和座標	89
23.	電磁場	91
24.	物質の存在によるアインシュタイン方程式の変更	94
25.	物質のエネルギー・運動量テンソル	96
26.	重力場に対する作用原理	101
27.	物質が連続的に分布している場合の作用	105
28.	電磁場の場合の作用	111
29.	電荷をもつ物質の場合	114
30.	一般的な作用原理	118
31.	重力場のエネルギー擬テンソル	123
32.	擬テンソルの具体的な表式	127
33.	重力波	129
34.	重力波の偏り	134
35.	宇宙項	138
付.	ディラックと一般相対性理論（江沢　洋）	141
	文献　160	

学芸文庫版訳者あとがき　163

索　引　165

一般相対性理論

この本の挿図とその説明は，原著者の諒解を得て，訳者が加えたものである．原著の部分との区別をはっきりさせるため，頁を変えて印刷してある． （訳者）

1. 特殊相対性理論

物理学では時空のひとつの点を表わすのに四つの座標をもちいる．時刻 t と三つの空間座標 x, y, z である．それらを

$$t = x^0, \quad x = x^1, \quad y = x^2, \quad z = x^3$$

とおき，まとめて x^μ と書く．添字 μ が 0, 1, 2, 3 という四つの値をとるのである．添字を上につけたのは，理論の一般的な方程式のなかでつねに"バランス"を保つようにするためであるが，そのバランスということの正確な意味はまもなく明らかになるはずである．

はじめに考えた時空点の近くにもうひとつ別の点をとって，その点の座標を $x^\mu + dx^\mu$ としよう．変位を表わす四つの量 dx^μ はベクトルをなすと考えられる．特殊相対性理論の諸法則は線形非斉次の変換を許すが，dx^μ でいえば，それは線形斉次になる．そして，距離と時間の単位が光速を 1 にするようにとってあれば，その変換は

$$(dx^0)^2 - (dx^1)^2 - (dx^2)^2 - (dx^3)^2 \tag{1.1}$$

を不変にするのである．座標変換をしても不変な量をスカラーという．

四つの量の組 A^μ があって，座標を変換したとき dx^μ と同じ変換をうけるならば，それは反変ベクトルをなすという．不変量
$$(A^0)^2 - (A^1)^2 - (A^2)^2 - (A^3)^2 = (A, A) \quad (1.2)$$
を，そのベクトルの長さという．もうひとつ反変ベクトル B^μ をとって，
$$A^0 B^0 - A^1 B^1 - A^2 B^2 - A^3 B^3 = (A, B) \quad (1.3)$$
をつくると，これがまた不変量である．これを A と B のスカラー積という．

こういった不変量を書き表わすのに，添字を下げるという手続きを導入しておくのが便利である．すなわち
$$A_0 = A^0, \ A_1 = -A^1, \ A_2 = -A^2, \ A_3 = -A^3 \quad (1.4)$$
を定義する．そうすると，(1.2) の左辺は $A_\mu A^\mu$ と書ける．ただし，μ についてはその四つの値にわたる和をとるものとする．同様の記法で，(1.3) は $A_\mu B^\mu$ とも $A^\mu B_\mu$ とも書かれる．

(1.4) で導入した四つの量 A_μ もベクトルの成分と考えられる．ただし，座標変換にともなうそれらの変換は，A^μ の変換とは符号の差だけちがっているから，こんどのベクトルは共変ベクトルとよばれる．

二つの反変ベクトル A^μ，B^μ から $A^\mu B^\nu$ という 16 個の量をつくることができる．添字 ν は，やはり 0, 1, 2, 3 の四つの値をとるもので，この点，この本でつかうギリシア文字はすべて同様とする．この 16 個の量は，2 階のテンソ

ルの成分をなすという．このテンソルを，ときにベクトル A^μ, B^ν の外積とよび，内積ともよぶスカラー積（1.3）から区別する．

テンソル $A^\mu B^\nu$ は，成分のあいだに特別の関係があるという点で特殊なテンソルである．この種のテンソルをいくつも加えあわせると，一般の2階のテンソルが得られる．すなわち，

$$T^{\mu\nu} = A^\mu B^\nu + A'^\mu B'^\nu + A''^\mu B''^\nu + \cdots. \quad (1.5)$$

一般のテンソルを規定する性質は，座標変換にともない $A^\mu B^\nu$ と同じ変換をうけることだけなのである．

添字を下げる手続きを（1.5）の右辺の各項に適用して $T^{\mu\nu}$ の添字のうちひとつを下げれば，$T_\mu{}^\nu$ や $T^\mu{}_\nu$ が得られる．添字を二つとも下げれば $T_{\mu\nu}$ となる．

$T_\mu{}^\nu$ で $\nu = \mu$ とおけば $T_\mu{}^\mu$ で，μ の四つの値にわたり和をとることになる．ひとつの項に同じ添字が二度あらわれたら，いつでも和をとるというのが，われわれの約束だからである．それで $T_\mu{}^\mu$ はスカラーになる．$T^\mu{}_\mu$ としても値は変わらない．

上の手続きをつづけて，三つ以上のベクトルをかけあわせれば高階のテンソルができる．ただし添字は一つ一つ字をちがえておくのである．かけあわせるベクトルがどれも反変なら，添字がすべて上についたテンソルができる．添字のうちどれを下げてもよいわけで，勝手な数の上つき添字と勝手な数の下つき添字をもったものが一般のテンソルである．

下つき添字のひとつを上つき添字のどれかと同じ字に直すと，この添字については和をとることになる．この添字は，もはやダミー（dummy，見せかけ）でしかないから，ほんものの添字がもとのテンソルの添字より二つ少ないテンソルができたことになる．この手続きを縮約という．たとえば，4 階のテンソル $T^\mu{}_{\nu\rho}{}^\sigma$ なら，$\sigma = \rho$ とおくのが縮約の一法であって，これで 2 階のテンソル $T^\mu{}_{\nu\rho}{}^\rho$ ができる．その成分は，もはや μ と ν が 4 通りの値をとるだけだから，たった 16 個しかない．もういちど縮約をすれば $T^\mu{}_{\mu\rho}{}^\rho$ となり，成分は 1 個に減る．これはスカラーである．

　ここまでくれば，添字のバランスということの意味も理解されよう．ひとつの方程式をとると，ほんものの添字はどれも各項に 1 回，そして 1 回だけ登場し，つねに上つきか下つきのいずれかである．1 項のなかに 2 回あらわれる添字は見せかけのもので，1 回は上つき，1 回は下つきでなければならない．ダミー添字は，その項で使われていないギリシア文字ならどれに書きかえてもよい．たとえば $T^\mu{}_{\nu\rho}{}^\rho = T^\mu{}_{\nu\alpha}{}^\alpha$ である．同じ字の添字が 1 項に 3 度以上あらわれることがあってはならない．

2. 斜 交 軸

　一般相対性理論の定式化にすすむまえに，中間段階として，特殊相対性理論を斜交軸をもちいて書く形式を考察しておくのがよい．

　斜交軸に移ると，(1.1) で考えた dx^μ は，それぞれ新しい dx^μ の線形関数となり，(1.1) という 2 次形式は新しい dx^μ の一般的な 2 次形式になる．それを

$$g_{\mu\nu} dx^\mu dx^\nu \tag{2.1}$$

と書いておこう．μ と ν の両方について和をとることは断わるまでもない．$g_{\mu\nu}$ は斜交軸のとりかたによるが，もちろん，$g_{\mu\nu} = g_{\nu\mu}$ とする．というのは，$g_{\mu\nu}$ と $g_{\nu\mu}$ に差があったとしても (2.1) には影響がないからである．そのため，係数 $g_{\mu\nu}$ のうち独立なものは 10 個になる．

　一般の反変ベクトルは 4 成分 A^μ をもち，それらは斜交軸の任意の変換に際して dx^μ と同じ変換をうける．だから，

$$g_{\mu\nu} A^\mu A^\nu$$

は不変であって，これがベクトル A^μ の長さ二乗である．

　B^μ を別の反変ベクトルとしよう．そうすると $A^\mu + \lambda B^\mu$ は λ の値がなんであっても第三の反変ベクトルとなる．そ

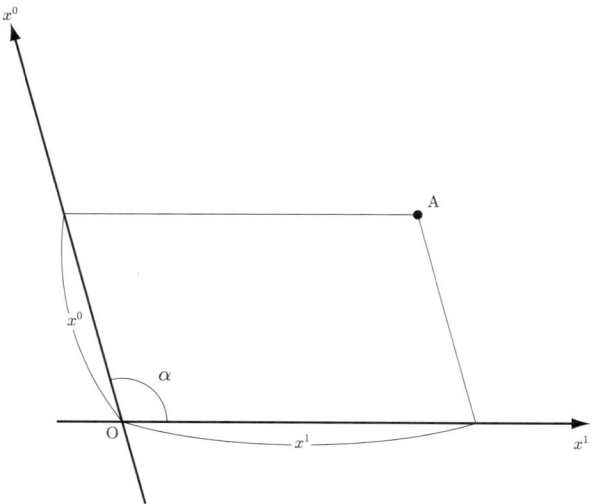

第 1 図 斜交軸．これがミンコフスキー時空における斜交軸だとして，この座標系における $g_{\mu\nu}$ を決定してみよ．

の長さ二乗は

$$g_{\mu\nu}(A^\mu + \lambda B^\mu)(A^\nu + \lambda B^\nu)$$
$$= g_{\mu\nu}A^\mu A^\nu + \lambda(g_{\mu\nu}A^\mu B^\nu + g_{\mu\nu}A^\nu B^\mu) + \lambda^2 g_{\mu\nu}B^\mu B^\nu$$

で，これはλのどんな値に対しても不変なはずである．したがって，λによらない項，λの係数，λ^2の係数が別々に不変でなければならない．λの係数は，

$$g_{\mu\nu}A^\mu B^\nu + g_{\mu\nu}A^\nu B^\mu = 2g_{\mu\nu}A^\mu B^\nu$$

となる．なぜかといえば，左辺の第2項でμとνをとりかえてよく，しかも$g_{\mu\nu} = g_{\nu\mu}$だからである．こうして$g_{\mu\nu}A^\mu B^\nu$の不変なことがわかった．これがA^μとB^μのスカラー積である．

gを$g_{\mu\nu}$の行列式としよう．これは0でない．もし0であったら4本の軸は時空に独立な方向をあたえないことになり，座標軸の役をしない．前節でもちいた直交軸の場合には$g_{\mu\nu}$の対角要素は1, -1, -1, -1で，非対角要素は0だから，$g = -1$．斜交軸に移ってもgはいぜんとして負であるにちがいない．というのは，斜交軸は直交軸を連続的に変形して得られるもので，そのときgの値も連続的に変化するが，しかし0をよぎることはできないからである．

共変ベクトルA_μを，添字を下つきにして
$$A_\mu = g_{\mu\nu}A^\nu \tag{2.2}$$
で定義しよう．行列式gは0でないから，この方程式はA^νについて解くことができる．解いた結果を
$$A^\nu = g^{\mu\nu}A_\mu \tag{2.3}$$

としよう．ここで，各 $g^{\mu\nu}$ は対応する $g_{\mu\nu}$ の行列式 $|g_{\kappa\lambda}|$ における余因子を行列式そのもので割った値に等しい．明らかに $g^{\mu\nu} = g^{\nu\mu}$ となる．

(2.2) の A^ν に，(2.3) のあたえる値を代入してみよう．ただし，そのまえに (2.3) のダミー添字 μ をなにか他のギリシア文字，たとえば ρ に変えておかねばならない．さもないと，ひとつの項に μ が3個になってしまう．こうして

$$A_\mu = g_{\mu\nu} g^{\nu\rho} A_\rho.$$

これが任意の A_μ に対してなりたつはずだから，

$$g_{\mu\nu} g^{\nu\rho} = g_\mu^\rho \tag{2.4}$$

がわかる．ここに

$$g_\mu^\rho = \begin{cases} 1 & \mu = \rho \text{ のとき}, \\ 0 & \mu \neq \rho \text{ のとき}. \end{cases} \tag{2.5}$$

公式 (2.2) は，一般に，テンソルの勝手な上つき添字を下げるのにもちいることができる．同様に，(2.3) により勝手な下つき添字を上げることができる．添字をいったん下げて，また上げれば，もとのテンソルにもどるはずで，事実 (2.4), (2.5) がそれを保証している．g_μ^ρ は

$$g_\mu^\rho A^\mu = A^\rho$$

のように添字 μ を ρ に変え，また反対に ρ を μ に変える

$$g_\mu^\rho A_\rho = A_\mu,$$

ということに注意しておこう．

添字を上げる規則を $g_{\mu\nu}$ の μ に適用すれば

$$g^\alpha{}_\nu = g^{\alpha\mu} g_{\mu\nu}$$

を得るが，これは (2.4) に一致している．実際，$g_{\mu\nu}$ が対称なので，$g^{\alpha}{}_{\nu}$ の二つの添字は上下にそろえて書いてもよいのである．さらに，同じ規則によって添字 ν も上げるならば

$$g^{\alpha\beta} = g^{\nu\beta} g^{\alpha}_{\nu}$$

となるが，これは (2.5) からただちに得られる結果である．このように，添字の上げ下げの規則は $g_{\mu\nu}$, g^{μ}_{ν}, $g^{\mu\nu}$ のどの添字にも適用できる．

3. 曲線座標

いよいよ曲線座標に移る番である．われわれは空間の1点に位置する量を扱う．その量はいくつもの成分をもっていてよい．成分は，問題の点における軸の方向に対してきめるのである．空間のあらゆる点に同種の量が分布していれば，これは場の量ということになる．

場の量を（成分がいくつもあるなら，そのひとつを）Qとしよう．これを四つの座標のどれについても微分することができる．微分した結果を

$$\frac{\partial Q}{\partial x^\mu} = Q,_\mu$$

と書く．下つき添字をコンマのうしろに書いたら，それはつねにこの種の微分[1]を表わすものとする．添字 μ を下に書くのは，左辺の分母にある上つきの μ とバランスさせるためである．そのバランスを納得するには，点 x^μ から近くの点 $x^\mu + \delta x^\mu$ に移ったとき起こる Q の変化が

$$\delta Q = Q,_\mu \delta x^\mu \tag{3.1}$$

---

1) derivative. ほんとうは「導関数」とすべきだろうが… [訳者]．

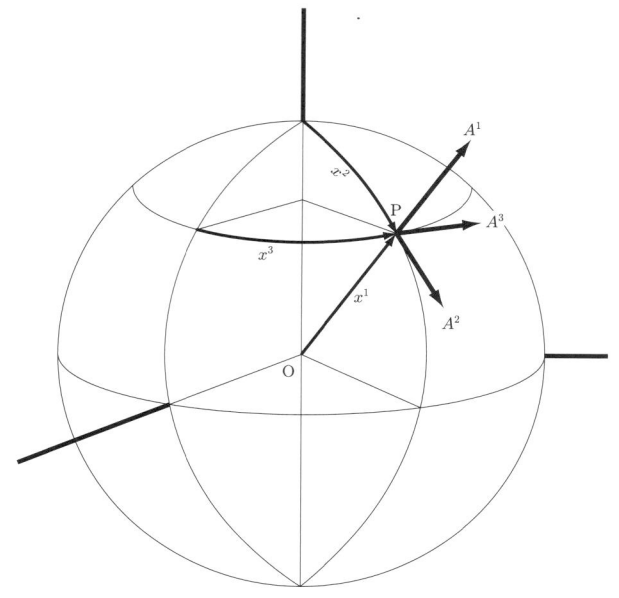

第 2 図 ユークリッド空間の球座標における反変ベクトルの成分．P 点の極座標を r, θ, φ として，もし $x^1 = r,\ x^2 = \theta,\ x^3 = \varphi$ とすれば，ベクトル A の反変成分は——$dr,\ d\theta,\ d\varphi$ と同じ変換をうけるべきだから——A の r, θ, φ 方向への射影そのものではなくて，それらを $1,\ r,\ r\sin\theta$ でそれぞれ割ったものになる．もし，$x^2,\ x^3$ を図に示した弧の長さにとったら，どうか？

であたえられることを見ればよい．

これからは，空間の場所場所に分布したベクトルやテンソルを扱うが，それらの成分は場所場所での軸の方向に対してきめるのである．座標系を変えると，それらの成分は，問題にする点での軸の変化に応じて，前節で説明したのと同じ法則で変わる．添字の上げ下げを $g^{\mu\nu}$ や $g_{\mu\nu}$ でする点もまえと同じである．しかし，これらはもはや定数ではない．場所場所で値がちがう．これらも場の量なのである．

さて，座標系の一つの特別な変換について，その影響を調べてみよう．新しい曲線座標 x'^{μ} をとる．その一つ一つが 4 個の x^{ν} の関数である．ダッシュは，x 本体につけるよりも添字につけて $x^{\mu'}$ とするほうが見やすいだろう．

x^{μ} をわずかに変えると，反変ベクトルの成分をなす四つの量 δx^{μ} が得られる．新しい軸に対しては，このベクトルは，(3.1) の記法でいって，成分

$$\delta x^{\mu'} = \frac{\partial x^{\mu'}}{\partial x^{\nu}} \delta x^{\nu} = x^{\mu'}_{;\nu} \delta x^{\nu}$$

をもつ．これが任意の反変ベクトル A^{ν} の変換則をあたえる．すなわち

$$A^{\mu'} = x^{\mu'}_{;\nu} A^{\nu}. \tag{3.2}$$

二つの座標系の役割を入れかえて，添字も変えて

$$A^{\lambda} = x^{\lambda}_{;\mu'} A^{\mu'} \tag{3.3}$$

を得る．

偏微分について，(2.5) の記法で，公式

$$\frac{\partial x^\lambda}{\partial x^{\mu'}}\frac{\partial x^{\mu'}}{\partial x^\nu} = g^\lambda_\nu$$

がなりたつ．よって，

$$x^\lambda_{,\mu'} x^{\mu'}_{,\nu} = g^\lambda_\nu. \tag{3.4}$$

これで (3.2) と (3.3) とはつじつまのあっていることがわかる．実際に，(3.2) を (3.3) の右辺に代入すると

$$x^\lambda_{,\mu'} x^{\mu'}_{,\nu} A^\nu = g^\lambda_\nu A^\nu = A^\lambda$$

となるのである．

共変ベクトル B_μ がどう変換するかを知るには，$A^\mu B_\mu$ = 不変という条件を使う．(3.3) により

$$A^{\mu'} B_{\mu'} = A^\lambda B_\lambda = x^\lambda_{,\mu'} A^{\mu'} B_\lambda.$$

これが四つの $A^{\mu'}$ のどんな値に対してもなりたつのでなければならない．そこで $A^{\mu'}$ の係数を等しいとおくことができ

$$B_{\mu'} = x^\lambda_{,\mu'} B_\lambda. \tag{3.5}$$

公式 (3.2) と (3.5) をもちいれば，上つき添字，下つき添字をもつ勝手なテンソルが変換できる．上つき添字のおのおのに $x^{\mu'}_{,\lambda}$ のような係数をあて，下つき添字のおのおのには $x^\lambda_{,\mu'}$ のような係数をあてて，すべての添字がバランスするようにしてやればよいのである．たとえば

$$T^{\alpha'\beta'}{}_{\gamma'} = x^{\alpha'}_{,\lambda} x^{\beta'}_{,\mu} x^\nu_{,\gamma'} T^{\lambda\mu}{}_\nu. \tag{3.6}$$

一般に，この法則で変換する量がテンソルである．

注意しておくが，テンソルが λ, μ のような二つの添字に関して対称である，反対称であるというのは意味のあることである．それは，この対称性という性質が座標変換をしてもそのままに保たれるからである．

公式 (3.4) は,
$$x^\lambda{}_{,\,\alpha'} x^{\beta'}{}_{,\,\nu} g^{\alpha'}_{\beta'} = g^\lambda_\nu$$
とも書かれる.つまり,g^λ_ν はテンソルだということである.また勝手なベクトル A^μ, B^ν に対して
$$g_{\alpha'\beta'} A^{\alpha'} B^{\beta'} = g_{\mu\nu} A^\mu B^\nu = g_{\mu\nu} x^\mu{}_{,\,\alpha'} x^\nu{}_{,\,\beta'} A^{\alpha'} B^{\beta'}$$
となる.これが $A^{\alpha'}$, $B^{\beta'}$ のどんな値に対してもなりたつので,
$$g_{\alpha'\beta'} = g_{\mu\nu} x^\mu{}_{,\,\alpha'} x^\nu{}_{,\,\beta'} \tag{3.7}$$
がわかる.これは $g_{\mu\nu}$ がテンソルであることを示す.同様に $g^{\mu\nu}$ もテンソルである.これらは基本テンソルとよばれる.

いま,S をスカラー場の量としよう.これは四つの x^μ の関数とみてもよいし,別の四つの $x^{\mu'}$ の関数とみてもよい.偏微分の規則から,
$$S,_{\mu'} = S,_\lambda\, x^\lambda{}_{,\,\mu'}.$$
つまり,$S,_\lambda$ は (3.5) の B_λ と同じ変換をする.よって,スカラー場の偏微係数は共変ベクトル場をなす.

4. 似非テンソル

$N^\mu{}_{\nu\rho\cdots}$ のように，上つき下つきの添字をもちながら，テンソルでない量がある．テンソルだったら，座標変換に際して，たとえば（3.6）のように変換するはずなのだ．これと変換則がちがうものは似非テンソル（nontensor）である．テンソルには，ある一つの座標系ですべての成分がゼロなら，それは他のどんな座標系においてもゼロという性質がある．似非テンソルでは必ずしもこうならない．

似非テンソルについても添字の上げ下げはテンソルと同様にできる．たとえば，
$$g^{\alpha\nu}N^\mu{}_{\nu\rho} = N^{\mu\alpha}{}_\rho.$$
この規則でつじつまが合うということは，別の座標系への変換則とはまったく関わりのないことである．似非テンソルの縮約も上下の添字を同じにすることで行なわれる．

一つの方程式のなかにテンソルと似非テンソルとが共存することもある．添字のバランスの規則も，テンソル，似非テンソルの区別なしに適用できる．

商 の 定 理

いま,$P_{\lambda\mu\nu}$ は任意のベクトル A^λ に対し $A^\lambda P_{\lambda\mu\nu}$ がテンソルになるようなものであるとしよう. そうすると $P_{\lambda\mu\nu}$ はテンソルである.

このことを証明するには,$A^\lambda P_{\mu\nu} = Q_{\mu\nu}$ とおく. これはテンソルだというのだから,
$$Q_{\beta\gamma} = Q_{\mu'\nu'} x^{\mu'}_{;\beta} x^{\nu'}_{;\gamma}.$$
ゆえに
$$A^\alpha P_{\alpha\beta\gamma} = A^{\lambda'} P_{\lambda'\mu'\nu'} x^{\mu'}_{;\beta} x^{\nu'}_{;\gamma}.$$
一方,A^λ はベクトルなので,(3.2) から
$$A^{\lambda'} = A^\alpha x^{\lambda'}_{;\alpha}.$$
したがって
$$A^\alpha P_{\alpha\beta\gamma} = A^\alpha x^{\lambda'}_{;\alpha} P_{\lambda'\mu'\nu'} x^{\mu'}_{;\beta} x^{\nu'}_{;\gamma}.$$
これが A^α のすべての値に対してなりたたねばならないから
$$P_{\alpha\beta\gamma} = P_{\lambda'\mu'\nu'} x^{\lambda'}_{;\alpha} x^{\mu'}_{;\beta} x^{\nu'}_{;\gamma}.$$
となり,$P_{\alpha\beta\gamma}$ がテンソルであることがわかる.

この定理は,$P_{\lambda\mu\nu}$ を勝手な数の添字をもつ量にかえても, さらに添字のいくつかは上つきだとしても, 同様になりたつ.

5. 曲がった空間

　曲がった 2 次元の空間なら，3 次元ユークリッド空間にある曲面として容易に思い浮かべることができる．同様に，曲がった 4 次元空間も，次元の高い平らな空間に埋めこんで考えることができる．そのような曲がった空間をリーマン空間（Riemann space）とよぶ．その空間も，小さな一部分だけ見れば近似的に平らである．

　アインシュタインは，物理的な空間はこのようなものであると仮定し，これを彼の重力理論の基礎とした．

　曲がった空間を扱うのに，直線座標系を導入する人はいない．第 3 節で説明したような曲線座標が便利だ．事実，そこで定式化したことはすべて曲がった空間にもあてはまる．それは，そこの方程式はどれも局所的なもので，曲率には影響されないからである．

　点 x^μ とその近くの点 $x^\mu + dx^\mu$ のあいだの不変距離 ds が

$$ds^2 = g_{\mu\nu} dx^\mu dx^\nu$$

であたえられるのは，(2.1) と同様である．ds は時間的（timelike）なへだたりに対しては実数，空間的（spacelike）

なへだたりに対しては虚数になる．

　曲線座標の網目に加えて座標の関数として $g_{\mu\nu}$ があたえられれば，あらゆる線素片の長さが定まり，つまり空間の計量（metric）が定まる．これで座標系と空間の曲率とがともに定まることになる．

6. 平行移動

　点 P にベクトル A^μ があるとしよう．空間が曲がっていると，別の点 Q にあるベクトルとの平行ということに意味をつけることができない．それは，3次元ユークリッド空間にある曲がった2次元の面という例を考えてみれば容易にわかる．しかし，もし点 P′ を P のごく近くにとれば，その距離を1次のオーダーとして，2次のオーダーの誤差で P′ には平行なベクトルを考えることができる．だから，ベクトル A^μ が点 P から P′ まで自身と平行に，かつ長さを一定に保ちながら移動するということに意味をもたせることができる．

　この平行移動の手続きで，ベクトルを一つの径路に沿って動かしてゆくこともできる．P から Q までの径路をとれば，ベクトルはついには Q まできて，それでいて——この径路に関して——P のもとのベクトルと平行であるということになる．とはいっても，径路がちがえば結果もちがうから，はなれた2点にあるベクトルの平行ということに絶対的な意味はない．P 点のベクトルが，一つの閉曲線に沿って平行移動を重ね，ぐるっと回って P にもどってくれ

ば，もととはちがった方向のベクトルになるというのが，むしろ普通なのである．

　ベクトルの平行移動に対する方程式を求めるには，4次元の物理空間が高次元の，たとえば N 次元の平らな空間に埋めこまれていると考えればよい．この N 次元空間に直線座標 z^n ($n = 1, 2, \cdots, N$) を入れる．それは直交座標である必要はない．直線的ならよいのである．隣接した2点のあいだには

$$ds^2 = h_{nm} dz^n dz^m \tag{6.1}$$

で定まる不変距離がある．ただし，$n, m = 1, 2, \cdots, N$ にわたって和をとるものとする．h_{nm} は，$g_{\mu\nu}$ とちがって，定数である．これをもちいて N 次元空間に関する添字を下げることができる．すなわち，

$$dz_n = h_{nm} dz^m.$$

　この N 次元空間のなかで，物理空間は4次元の"曲面"をなす．曲面内の各点 x^μ は N 次元空間できまった座標 y^n をもつのである．各座標 y^n は x の4成分の関数だから，それを $y^n(x)$ と書いておこう．曲面の方程式は N 個の $y^n(x)$ から4個の x を消去すれば得られる．それで $N - 4$ 個の方程式が残って曲面を定めることになるのである．

　$y^n(x)$ をパラメタ x^μ について微分して

$$\frac{\partial y^n(x)}{\partial x^\mu} = y^n_{,\mu}$$

と書く．曲面上で δx^μ だけはなれた2点に対して

$$\delta y^n = y^n_{,\mu} \delta x^\mu \tag{6.2}$$

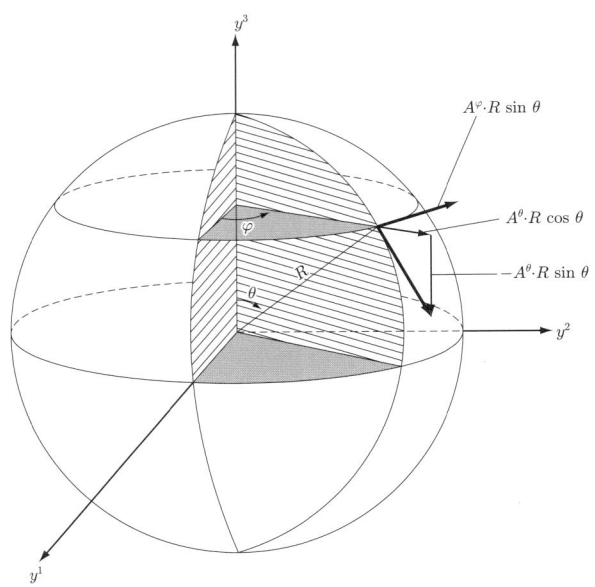

第 3 図 球面（2 次元，半径 R）を 3 次元空間に埋めこんだ場合．球面座標 $x^1 = \theta$, $x^2 = \varphi$ と直交座標 y^1, y^2, y^3 の関係 $y^1 = R\sin\theta\cos\varphi$, $y^2 = R\sin\theta\sin\varphi$, $y^3 = R\cos\varphi$ から (6.4) は $A^1 = A^\theta \cdot R\cos\theta\cos\varphi - A^\varphi \cdot R\sin\theta\sin\varphi$ 等となる．A^1 の右辺の第 1 項は図で $A^\theta \cdot R\cos\theta$ と記した成分ベクトルの y^1 成分，第 2 項は，図で $A^\varphi \cdot R\sin\theta$ と記した成分ベクトルの y^1 成分である．なお第 2 図の説明を参照．

となるから，それらのあいだの距離の二乗は，(6.1) により

$$\delta s^2 = h_{nm}\delta y^n \delta y^m = h_{nm} y^n_{,\mu} y^m_{,\nu} \delta x^\mu \delta x^\nu$$

である．h_{nm} は定数だから

$$\delta s^2 = y^n_{,\mu} y_{n,\nu} \delta x^\mu \delta x^\nu$$

としてもよい．これを

$$\delta s^2 = g_{\mu\nu} \delta x^\mu \delta x^\nu$$

と書くわけだから

$$g_{\mu\nu} = y^n_{,\mu} y_{n,\nu}. \tag{6.3}$$

物理空間で点 x に反変ベクトル A^μ があるとしよう．成分 A^μ は (6.2) の δx^μ にくらべるべきものである．これを N 次元空間でみると (6.2) の δy^n にあたる反変ベクトル A^n となる．すなわち，

$$A^n = y^n_{,\mu} A^\mu. \tag{6.4}$$

このベクトル A^n は，もちろん，曲面内にある．

さて，ベクトル A^n を自身に平行に（というのは，もちろん，各成分を変えないようにしてという意味）隣の点 $x + dx$ に移そう．そうすると，新しい点ではベクトルはもはや曲面内にはおさまらない．しかし，それを曲面上へ射影することで曲面内におさまるベクトルをつくることができる．

射影するというのは，ベクトルを接線成分と法線成分とに分けることである．すなわち

$$A^n = A^n_{\text{接線}} + A^n_{\text{法線}}. \tag{6.5}$$

この $A^n_{\text{接線}}$ を x 座標系の成分にひきなおして K^μ と書けば，

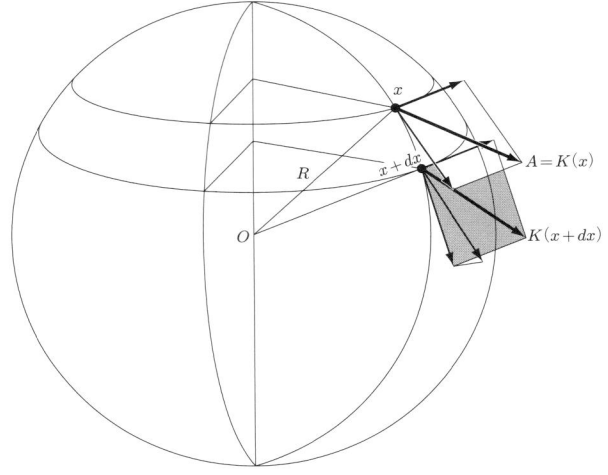

第 4 図 球面上におけるベクトルの平行移動．例として θ 方向への平行移動を示す．このとき φ 方向の成分ベクトルは変わらず，θ 方向の成分ベクトルが $O(dx)^2$ だけ短くなる．

(6.4) に対応して
$$A^n_{接線} = K^\mu y^n_{,\mu}(x+dx) \qquad (6.6)$$
がなりたつ．この係数 $y^n_{,\mu}$ は新しい点 $x+dx$ のものである．

$A^n_{法線}$ は，点 $x+dx$ における任意の接ベクトルに垂直であるとして定義される．これは，(6.6) の右辺のような形をもつベクトルにならば，そこの K^μ が何であっても，つねに直交だということである．すなわち，
$$A^n_{法線} y_{n,\nu}(x+dx) = 0.$$
そこで，(6.5) に $y_{n,\nu}(x+dx)$ をかけると $A^n_{法線}$ が落ちて，残りは

$$A^n y_{n,\nu}(x+dx) = K^\mu y^n_{,\mu}(x+dx) y_{n,\nu}(x+dx)$$
$$= K^\mu g_{\mu\nu}(x+dx) = K_\nu(x+dx)$$

が残る．ここで (6.3) をもちいた．したがって，dx の 1 次まででいうと
$$K_\nu(x+dx) = A^n[y_{n,\nu}(x) + y_{n,\nu,\sigma} dx^\sigma].$$
(6.4) をもちいて

$$K_\nu(x+dx) = A^\mu y^n_{,\mu}[y_{n,\nu} + y_{n,\nu,\sigma} dx^\sigma]$$
$$= A_\nu + A^\mu y^n_{,\mu} y_{n,\nu,\sigma} dx^\sigma.$$

この K_ν が A_ν を点 $x+dx$ まで平行移動した結果というわけである．そこで
$$K_\nu - A_\nu = dA_\nu$$
とおけば，dA_ν が平行移動による A_ν の変化を表わす．こ

うして，
$$dA_\nu = A^\mu y^n_{,\mu} y_{n,\nu,\sigma} dx^\sigma. \tag{6.7}$$

7. クリストッフェル記号

(6.3) を微分すると（2度めの微分をするとき第二のコンマは省略することにして）

$$g_{\mu\nu,\sigma} = y^n_{,\mu\sigma} y_{n,\nu} + y^n_{,\mu} y_{n,\nu\sigma}$$
$$= y_{n,\mu\sigma} y^n_{,\nu} + y_{n,\nu\sigma} y^n_{,\mu} \qquad (7.1)$$

となる．それは，h_{mn} が一定なので，添字 n は自由に上げ下げしてよいからである．(7.1) で μ と σ をとりかえれば

$$g_{\sigma\nu,\mu} = y_{n,\sigma\mu} y^n_{,\nu} + y_{n,\nu\mu} y^n_{,\sigma}. \qquad (7.2)$$

また，(7.1) で ν と σ をとりかえれば

$$g_{\mu\sigma,\nu} = y_{n,\mu\nu} y^n_{,\sigma} + y_{n,\sigma\nu} y^n_{,\mu}. \qquad (7.3)$$

そこで (7.1) + (7.3) − (7.2) をつくって2で割ると

$$\frac{1}{2}(g_{\mu\nu,\sigma} + g_{\mu\sigma,\nu} - g_{\nu\sigma,\mu}) = y_{n,\nu\sigma} y^n_{,\mu} \qquad (7.4)$$

となる．

この左辺を

$$\Gamma_{\mu\nu\sigma} = \frac{1}{2}(g_{\mu\nu,\sigma} + g_{\mu\sigma,\nu} - g_{\nu\sigma,\mu}) \qquad (7.5)$$

とおいて，第1種のクリストッフェル記号とよぶ．これは

うしろの二つの添字 ν と σ について対称である．これは似非テンソルである．（7.5）から

$$\Gamma_{\mu\nu\sigma} + \Gamma_{\nu\mu\sigma} = g_{\mu\nu},_\sigma \tag{7.6}$$

がわかる．

前節の（6.7）は，（7.4）からわかるとおり

$$dA_\nu = A^\mu \Gamma_{\mu\nu\sigma} dx^\sigma \tag{7.7}$$

と書ける．これで N 次元空間をひきあいにだす必要がまったくなくなった．というのは，クリストッフェル記号は物理空間の計量テンソル $g_{\mu\nu}$ にのみ関わるものだからである．

ベクトルの長さというものは平行移動によって変わることがない．実際，

$d(g^{\mu\nu} A_\mu A_\nu)$
$= g^{\mu\nu} A_\mu dA_\nu + g^{\mu\nu} A_\nu dA_\mu + A_\mu A_\nu g^{\mu\nu},_\sigma dx^\sigma$
$= A^\nu dA_\nu + A^\mu dA_\mu + A_\alpha A_\beta g^{\alpha\beta},_\sigma dx^\sigma$

に（7.7）をもちいると

$= A^\nu A^\mu \Gamma_{\mu\nu\sigma} dx^\sigma + A^\mu A^\nu \Gamma_{\nu\mu\sigma} dx^\sigma + A_\alpha A_\beta g^{\alpha\beta},_\sigma dx^\sigma$

となるので，（7.6）により

$$d(g^{\mu\nu} A_\mu A_\nu) = A^\nu A^\mu g_{\mu\nu},_\sigma dx^\sigma + A_\alpha A_\beta g^{\alpha\beta},_\sigma dx^\sigma. \tag{7.8}$$

ところが，$g^{\alpha\mu},_\sigma g_{\mu\nu} + g^{\alpha\mu} g_{\mu\nu},_\sigma = (g^{\alpha\mu} g_{\mu\nu}),_\sigma = g^\alpha_\nu,_\sigma = 0$ であるから，$g^{\beta\nu}$ をかけて

$$g^{\alpha\beta},_\sigma = -g^{\alpha\mu} g^{\beta\nu} g_{\mu\nu},_\sigma \tag{7.9}$$

を得る．これは $g^{\alpha\beta}$ の微分を $g_{\mu\nu}$ の微分で表わす有用な関係である．これをもちいると

$$A_\alpha A_\beta g^{\alpha\beta},_\sigma = -A^\mu A^\nu g_{\mu\nu},_\sigma$$

がでるので，(7.8) の消えることがわかる．

特に，ゼロ・ベクトル（すなわち，長さが 0 のベクトル）は平行移動してもゼロ・ベクトルのままである．

平行移動してもベクトルの長さが変わらないということは，幾何学的に考えてもわかる．ベクトル A^n を (6.5) にしたがって接線成分と法線成分とに分けると，法線成分は無限小で，かつ接線成分に直交する．そのために，ベクトル全体の長さは，1次まででいうと，接線成分の長さに等しい．

任意のベクトルの長さが不変だということから，スカラー積 $g^{\mu\nu}A_\mu B_\nu$ の不変がでる．それは，$A + \lambda B$ の長さが λ のどんな値に対しても不変なことに注意すればわかることである．

多くの場合に，クリストッフェル記号の第一の添字を上げて

$$\Gamma^\mu_{\nu\sigma} = g^{\mu\lambda}\Gamma_{\lambda\nu\sigma} \tag{7.10}$$

としておくのが便利である．これを第2種クリストッフェル記号という．これは，二つの下つき添字について対称である．第4節で説明したとおり，添字をこうして上げることは似非テンソルでも許される．

これによって，公式 (7.7) は

$$dA_\nu = \Gamma^\mu_{\nu\sigma}A_\mu dx^\sigma \tag{7.11}$$

と書き直される．これが，共変成分で平行移動をいうときの標準的な公式である．もう一つのベクトル B^ν をとると

$$d(A_\nu B^\nu) = 0$$

から

$$A_\nu dB^\nu = -B^\nu dA_\nu = -B^\nu \Gamma^\mu_{\nu\sigma} A_\mu dx^\sigma$$
$$= -B^\mu \Gamma^\nu_{\mu\sigma} A_\nu dx^\sigma$$

を得る.これはどんな A_ν に対してもなりたつべきだから,

$$dB^\nu = -\Gamma^\nu_{\mu\sigma} B^\mu dx^\sigma. \qquad (7.12)$$

これが,反変成分で平行移動をいうときの標準的な公式である.

8. 測地線

　座標が z^μ の点をとり，これがひとつの軌道に沿って動くものとする．z^μ はそうすると，なにかあるパラメタ τ の関数になる．$dz^\mu/d\tau = u^\mu$ とおこう．

　こうして，軌道の各点にひとつのベクトル u^μ があることになる．軌道をたどってゆくにつれて，ベクトル u^μ は平行移動を受けるとしてみよう．そうすると，この軌道は始点とそこでの u^μ の値とがあたえられれば全体が定まってしまうことになる．始点 z^μ を $z^\mu + u^\mu d\tau$ に移して，この新しい点までベクトル u^μ を移してやる，等々，とすればよいからである．これで軌道がきまるだけでなく，それにふりあてるパラメタ τ の値もきまる．このようにしてつくった軌道を測地線（geodesic）という．

　u^μ は最初にゼロ・ベクトルであると以後もつねにゼロ・ベクトルのままでいる．その軌道をゼロ・測地線（null geodesic）という．もし，u^μ が最初に時間的（すなわち $u^\mu u_\mu > 0$）であったら，以後もつねに時間的で，その軌道は時間的測地線（timelike geodesic）となる．同様に，u^μ が最初に空間的（$u^\mu u_\mu < 0$）であったら，以後もつねに

空間的で，その軌道は空間的測地線（spacelike geodesic）となる．

測地線の方程式は，(7.12) で $B^\nu = u^\nu$, $dx^\sigma = dz^\sigma$ とすれば得られる．すなわち，

$$\frac{du^\nu}{d\tau} + \Gamma^\nu_{\mu\sigma} u^\mu \frac{dz^\sigma}{d\tau} = 0, \qquad (8.1)$$

あるいは

$$\frac{d^2 z^\nu}{d\tau^2} + \Gamma^\nu_{\mu\sigma} \frac{dz^\mu}{d\tau} \frac{dz^\sigma}{d\tau} = 0. \qquad (8.2)$$

時間的な測地線の場合には，u^μ の初期値に適当な数をかけて，その長さを 1 にすることができる．そのためには τ の尺度を変えさえすればよい．こうしてベクトル u^μ はつねに長さ 1 をもつ．これは速度ベクトル $v^\mu = dz^\mu/ds$ であって，パラメタ τ はちょうど固有時に一致したことになる．方程式 (8.1) は

$$\frac{dv^\mu}{ds} + \Gamma^\mu_{\nu\sigma} v^\nu v^\sigma = 0 \qquad (8.3)$$

となり，方程式 (8.2) は

$$\frac{d^2 z^\mu}{ds^2} + \Gamma^\mu_{\nu\sigma} \frac{dz^\nu}{ds} \frac{dz^\sigma}{ds} = 0 \qquad (8.4)$$

となる．

ここで，われわれは物理学上の仮定をする．すなわち，重力のほかにどんな力も受けない質点の世界線は時間的な測地線であるとするのである．これが，ニュートンの運動の第一法則にとってかわる．そして方程式 (8.4) が運動

方程式となって加速度を定めることになる．

　もう一つ，われわれは，光の径路はゼロ測地線であると仮定する．これは，径路に沿って変わるパラメタ τ をもちいて方程式（8.2）から定まる．その τ として固有時 s をとることはできない．それは，この場合 ds が 0 だからである．

9. 測地線の停留性

測地線というものは，ゼロ測地線でないかぎり，任意の部分 PQ にわたる積分 $\int ds$ が，その端点 P, Q を動かさずに行なう勝手な微小変形で変わらないという性質をもっている．

いま，測地線の各点をわずかにずらし，それぞれの座標 z^μ が $z^\mu + \delta z^\mu$ に変わったとしよう．ただし，測地線の両端では $\delta z^\mu = 0$ であるとする．測地線に沿う線素片を dx^μ とすれば，

$$ds^2 = g_{\mu\nu} dx^\mu dx^\nu$$

であるから

$$2ds\,\delta(ds) = dx^\mu dx^\nu \delta g_{\mu\nu} + g_{\mu\nu} dx^\mu \delta dx^\nu + g_{\mu\nu} dx^\nu \delta dx^\mu$$
$$= dx^\mu dx^\nu g_{\mu\nu,\lambda} \delta x^\lambda + 2 g_{\mu\lambda} dx^\mu \delta dx^\lambda.$$

ところが

$$\delta dx^\lambda = d\delta x^\lambda$$

なので，$dx^\mu = v^\mu ds$ をもちいて

$$\delta(ds) = \left[\frac{1}{2} g_{\mu\nu,\lambda} v^\mu v^\nu \delta x^\lambda + g_{\mu\lambda} v^\mu \frac{d\delta x^\lambda}{ds} \right] ds.$$

したがって
$$\delta \int_P^Q ds = \int_P^Q \delta(ds)$$
$$= \int_P^Q \left[\frac{1}{2} g_{\mu\nu,\lambda} v^\mu v^\nu \delta x^\lambda + g_{\mu\lambda} v^\mu \frac{d\delta x^\lambda}{ds} \right] ds.$$

部分積分をして，端点 P, Q で $\delta x^\lambda = 0$ であることを使えば，
$$\delta \int_P^Q ds = \int_P^Q \left[\frac{1}{2} g_{\mu\nu,\lambda} v^\mu v^\nu - \frac{d}{ds}(g_{\mu\lambda} v^\mu) \right] \delta x^\lambda ds. \tag{9.1}$$

これが勝手な δx^λ に対して消える条件は
$$\frac{d}{ds}(g_{\mu\lambda} v^\mu) - \frac{1}{2} g_{\mu\nu,\lambda} v^\mu v^\nu = 0. \tag{9.2}$$

ところが，
$$\frac{d}{ds}(g_{\mu\lambda} v^\mu) = g_{\mu\lambda} \frac{dv^\mu}{ds} + g_{\mu\lambda,\nu} v^\mu v^\nu$$
$$= g_{\mu\lambda} \frac{dv^\mu}{ds} + \frac{1}{2}(g_{\lambda\mu,\nu} + g_{\lambda\nu,\mu}) v^\mu v^\nu$$

なので，条件 (9.2) は
$$g_{\mu\lambda} \frac{dv^\mu}{ds} + \Gamma_{\lambda\mu\nu} v^\mu v^\nu = 0$$

と書ける．これに $g^{\lambda\sigma}$ をかけると
$$\frac{dv^\sigma}{ds} + \Gamma^\sigma_{\mu\nu} v^\mu v^\nu = 0.$$

これは，まさに測地線の条件 (8.3) にほかならない．

こうして，測地線に対しては (9.1) が消えること，つ

$dx^\mu = v^\mu ds$

δx^μ

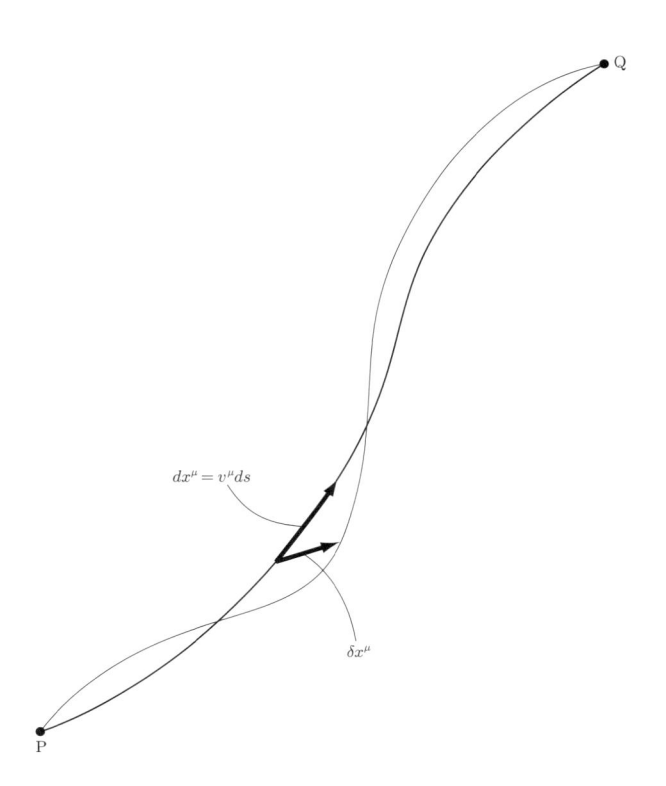

P

Q

第 5 図 測地線の停留性を見るための変分 δx^μ. 試しの曲線（図の太線）の各点に微小変位 δx^μ をさせ，新しくできた曲線（図の細線）と長さ $\int ds$ を比較する．試しの曲線が測地線であれば，そしてそのときに限って，勝手な微小変位をさせても長さが変わらない．

まり $\int ds$ が停留性をもつことがわかった．逆に，$\int ds$ が停留性をもつならばその曲線は測地線であるということもわかる．したがって，ゼロ測地線の場合を別にすれば，停留性の条件を測地線の定義とすることができるわけである．

10. 共 変 微 分

S をスカラー場とする．その導関数 $S,_\nu$ が共変ベクトルになることは，第 3 節で知った．では，A_μ をベクトル場としたとき，$A_\mu,_\nu$ はテンソルになるだろうか？

それを知るには，$A_\mu,_\nu$ が座標変換にともないどう変換するかを調べなければならない．第 3 節の記法で，A_μ は，(3.5) と同様に

$$A_{\mu'} = A_\rho x^\rho_{;\mu'}$$

に変わるから

$$\begin{aligned} A_{\mu'},_{\nu'} &= (A_\rho x^\mu_{;\mu'}),_{\nu'} \\ &= A_\rho,_\sigma x^\sigma_{;\nu'} x^\rho_{;\mu'} + A_\rho x^\rho_{;\mu'\nu'} \end{aligned}$$

となる．この第 2 項は，もし $A_\rho,_\sigma$ がテンソルであったら，ないはずである．つまり，$A_\rho,_\sigma$ は似非テンソルなのである．

しかし，微分の手続きを変更してテンソルを得るようにすることができる．点 x のベクトル A_μ をとり，$x + dx$ まで平行移動しよう．そうしてもベクトルであることは変わらない．これを点 $x + dx$ におけるベクトル A_μ から引くと，

その差はやはりベクトルである．1次まででいうと，それは

$$A_\mu(x+dx) - [A_\mu(x) + \Gamma^\alpha_{\mu\nu}A_\alpha dx^\nu]$$
$$= (A_{\mu,\,\nu} - \Gamma^\alpha_{\mu\nu}A_\alpha)dx^\nu.$$

これが任意の dx^ν に対してベクトルであるのだから，第4節の商の定理により，その係数

$$A_{\mu,\,\nu} - \Gamma^\alpha_{\mu\nu}A_\alpha$$

はテンソルである．これが座標の変換にともなってテンソルとして正しく変換することを直接に確かめるのもやさしい．

これは A_μ の共変微分と呼ばれ，

$$A_{\mu\,:\,\nu} = A_{\mu,\,\nu} - \Gamma^\alpha_{\mu\nu}A_\alpha \tag{10.1}$$

と書かれる．下つき添字の前にある記号：はつねに共変微分を表わすのであって，これはコンマが普通の微分を表わすのと同様である．

もう一つのベクトル B_ν をとって，外積 $A_\mu B_\nu$ の共変微分を

$$(A_\mu B_\nu)_{:\,\sigma} = A_{\mu\,:\,\sigma}B_\nu + A_\mu B_{\nu\,:\,\sigma} \tag{10.2}$$

と定義しよう．これは明らかに添字三つのテンソルである．くわしく書けば

$$(A_\mu B_\nu)_{:\,\sigma} = (A_{\mu,\,\sigma} - \Gamma^\alpha_{\mu\sigma}A_\alpha)B_\nu + A_\mu(B_{\nu,\,\sigma} - \Gamma^\alpha_{\nu\sigma}B_\alpha)$$
$$= (A_\mu B_\nu)_{,\,\sigma} - \Gamma^\alpha_{\mu\sigma}A_\alpha B_\nu - \Gamma^\alpha_{\nu\sigma}A_\mu B_\alpha.$$

$T_{\mu\nu}$ を添字二つのテンソルとする．これは $A_\mu B_\nu$ の形をした項の和として書けるのであるから，共変微分は

$$T_{\mu\nu\,:\,\sigma} = T_{\mu\nu,\,\sigma} - \Gamma^\alpha_{\mu\sigma}T_{\alpha\nu} - \Gamma^\alpha_{\nu\sigma}T_{\mu\alpha}. \tag{10.3}$$

この微分規則は，任意の数の下つき添字をもつテンソル $Y_{\mu\nu\ldots}$ にまで拡張できる：

$$Y_{\mu\nu\ldots;\sigma} = Y_{\mu\nu\ldots,\sigma} - （各添字に対する \Gamma の項の和）. \tag{10.4}$$

各 Γ の項それぞれで添字のバランスをとるべきことは，いうまでもない．このことだけから添字のつけかたは定まってしまうのである．

スカラーの場合も，一般公式（10.4）に含まれている．Y の添字の数を 0 と思えばよいのであって

$$Y_{;\sigma} = Y_{,\sigma}. \tag{10.5}$$

（10.3）を基本テンソル $g_{\mu\nu}$ に適用してみよう．そうすると，

$$\begin{aligned} g_{\mu\nu;\sigma} &= g_{\mu\nu,\sigma} - \Gamma^{\alpha}_{\mu\sigma} g_{\alpha\nu} - \Gamma^{\alpha}_{\nu\sigma} g_{\mu\alpha} \\ &= g_{\mu\nu,\sigma} - \Gamma_{\nu\mu\sigma} - \Gamma_{\mu\nu\sigma} = 0. \end{aligned} \tag{10.6}$$

おしまいのところで（7.6）をもちいた．この結果は，$g_{\mu\nu}$ が共変微分に対しては定数なみであることを示す．

公式（10.2）は，積の微分に対していつももちいられる規則である．われわれは，このふつうの規則が二つのベクトルのスカラー積に対してあてはまるものと仮定する：

$$(A^{\mu} B_{\mu})_{;\sigma} = A^{\mu}{}_{;\sigma} B_{\mu} + A^{\mu} B_{\mu;\sigma}.$$

（10.5）と（10.1）によれば，

$$(A^{\mu} B_{\mu})_{,\sigma} = A^{\mu}{}_{;\sigma} B_{\mu} + A^{\mu}(B_{\mu,\sigma} - \Gamma^{\alpha}_{\mu\sigma} B_{\alpha})$$

なので，

$$A^{\mu}{}_{,\sigma} B_{\mu} = A^{\mu}{}_{;\sigma} B_{\mu} - A^{\alpha} \Gamma^{\mu}_{\alpha\sigma} B_{\mu}.$$

これが任意の B_μ に対してなりたつので，
$$A^\mu_{;\sigma} = A^\mu_{,\sigma} + \Gamma^\mu_{\alpha\sigma} A^\alpha \tag{10.7}$$
を得る．これが反変ベクトルの共変微分に対する基本公式である．まったく同じクリストッフェル記号が共変ベクトルに対する基本公式（10.1）にもあらわれているが，こんどの公式ではその前の符号が + に変わっている．添字の配置はバランスの要請から完全にきまる．

こうした規則は，勝手な数の上つき添字と下つき添字をもつテンソルの共変微分にあてはまるように拡張することができる．Γ の項が添字ごとにあって，上つき添字なら +，下つき添字なら − がつくとすればよいのだ．テンソルの二つの添字を縮約すると，対応する Γ の項は打ち消しあうことになる．

積の共変微分に対する公式
$$(XY)_{;\sigma} = X_{;\sigma} Y + X Y_{;\sigma} \tag{10.8}$$
は，X と Y がどんなテンソルであっても，一般になりたつ．$g_{\mu\nu}$ が定数なみであることから，添字を共変微分の前に上げ下げしても，結果は，あとから上げ下げしたのとちがわない．

似非テンソルの共変微分は，意味をなさない．

物理法則は，どんな座標系においても，あまねくなりたつのでなければならない．だから，そのなかに場の量の微分が含まれるとき，それは共変微分でなければならない．物理学における場の方程式は，すべて書きかえて，ふつうの微分を共変微分に直す必要がある．たとえば，スカラー

場に対するダランベールの方程式 $\Box V = 0$ の共変な形は
$$g^{\mu\nu} V_{:\mu:\nu} = 0$$
である．これは，(10.1), (10.5) により
$$g^{\mu\nu}(V,_{\mu\nu} - \Gamma^{\alpha}_{\mu\nu} V,_{\alpha}) = 0 \qquad (10.9)$$
をあたえる．

　たとえ空間を平らだとして（すなわち重力場を無視して）曲線座標をもちいるとしても，方程式が任意の座標系でなりたつようにしたいならば，それは共変微分で書かなくてはいけない．

11. 曲率テンソル

　積の微分の公式（10.8）を見ると，共変微分もふつうの微分によく似ている．しかし，重大なちがいがある．微分を2度つづけて行なうとき順序はどうでもよいという，ふつうの微分の重要な性質が，共変微分に対して一般にはなりたたないのである．

　まず，スカラー場 S について考えてみよう．公式（10.1）から

$$S_{:\mu:\nu} = S_{:\mu,\nu} - \Gamma^{\alpha}_{\mu\nu}S_{:\alpha}$$
$$= S_{,\mu\nu} - \Gamma^{\alpha}_{\mu\nu}S_{,\alpha} \qquad (11.1)$$

となる．この結果は μ と ν につき対称だから，この場合微分の順序は問題にならない．

　つぎに，ベクトル場 A_ν をとって，共変微分を2回ほどこす．（10.3）の $T_{\nu\rho}$ を $A_{\nu:\rho}$ とみて

$$A_{\nu:\rho:\sigma} = A_{\nu:\rho,\sigma} - \Gamma^{\alpha}_{\nu\sigma}A_{\alpha:\rho} - \Gamma^{\alpha}_{\mu\sigma}A_{\nu:\alpha}$$
$$= (A_{\nu,\rho} - \Gamma^{\alpha}_{\nu\rho}A_\alpha)_{,\sigma} - \Gamma^{\alpha}_{\nu\sigma}(A_{\alpha,\rho} - \Gamma^{\beta}_{\alpha\rho}A_\beta)$$
$$- \Gamma^{\alpha}_{\rho\sigma}(A_{\nu,\alpha} - \Gamma^{\beta}_{\nu\alpha}A_\beta)$$

$$= A_{\nu,\rho\sigma} - \Gamma^\alpha_{\nu\rho} A_{\alpha,\sigma} - \Gamma^\alpha_{\nu\sigma} A_{\alpha,\rho} - \Gamma^\alpha_{\rho\sigma} A_{\nu,\alpha}$$
$$- A_\beta (\Gamma^\beta_{\nu\rho,\sigma} - \Gamma^\alpha_{\nu\sigma} \Gamma^\beta_{\alpha\rho} - \Gamma^\alpha_{\rho\sigma} \Gamma^\beta_{\nu\alpha}).$$

これから ρ と σ をとりかえたものを引けば,
$$A_{\nu:\rho:\sigma} - A_{\nu:\sigma:\rho} = A_\beta R^\beta_{\nu\rho\sigma} \tag{11.2}$$
を得る. ただし
$$R^\beta_{\nu\rho\sigma} = \Gamma^\beta_{\nu\sigma,\rho} - \Gamma^\beta_{\nu\rho,\sigma} + \Gamma^\alpha_{\nu\sigma} \Gamma^\beta_{\alpha\rho} - \Gamma^\alpha_{\nu\rho} \Gamma^\beta_{\alpha\sigma}. \tag{11.3}$$

(11.2) の左辺はテンソルだから, 右辺もテンソルである. これが任意の A_β に対してなりたつので, 第4節の商の定理から $R^\beta_{\nu\rho\sigma}$ はテンソルであることがわかる. これをリーマン - クリストッフェル (Riemann-Christoffel) テンソル, あるいは曲率テンソルとよぶ.

明らかに
$$R^\beta_{\nu\rho\sigma} = -R^\beta_{\nu\sigma\rho} \tag{11.4}$$
がなりたつ. また, (11.3) から容易に
$$R^\beta_{\nu\rho\sigma} + R^\beta_{\rho\sigma\nu} + R^\beta_{\sigma\nu\rho} = 0 \tag{11.5}$$
を知ることができる.

添字 β を下げて, 先頭におくと
$$R_{\mu\nu\rho\sigma} = g_{\mu\beta} R^\beta_{\nu\rho\sigma} = g_{\mu\beta} \Gamma^\beta_{\nu\sigma,\rho} + \Gamma^\alpha_{\nu\sigma} \Gamma_{\mu\alpha\rho} - \langle\rho\sigma\rangle.$$
ここで, $\langle\rho\sigma\rangle$ は前にある諸項で ρ と σ をとりかえたものを表わす. $\langle\rho\sigma\rangle$ の直前の項で α を β にかえて

$$R_{\mu\nu\rho\sigma} = \Gamma_{\mu\nu\sigma,\rho} - g_{\mu\beta,\rho} \Gamma^\beta_{\nu\sigma} + \Gamma_{\mu\beta\rho} \Gamma^\beta_{\nu\sigma} - \langle\rho\sigma\rangle$$
$$= \Gamma_{\mu\nu\sigma,\rho} - \Gamma_{\beta\mu\rho} \Gamma^\beta_{\nu\sigma} - \langle\rho\sigma\rangle.$$

後段で (7.6) をもちいた. したがって (7.5) から

$$R_{\mu\nu\rho\sigma} = \frac{1}{2}(g_{\mu\sigma,\nu\rho} - g_{\nu\sigma,\mu\rho} - g_{\mu\rho,\nu\sigma} + g_{\nu\rho,\mu\sigma})$$
$$+ \Gamma_{\beta\mu\sigma}\Gamma^{\beta}_{\nu\rho} - \Gamma_{\beta\mu\rho}\Gamma^{\beta}_{\nu\sigma}. \tag{11.6}$$

こうして,新しい対称性があらわになった.すなわち
$$R_{\mu\nu\rho\sigma} = -R_{\nu\mu\rho\sigma}, \tag{11.7}$$
および
$$R_{\mu\nu\rho\sigma} = R_{\rho\sigma\mu\nu} = R_{\sigma\rho\nu\mu}. \tag{11.8}$$
こうした対称性のために,$R_{\mu\nu\rho\sigma}$ の 256 個の成分のうちで 20 個だけが独立ということになる.

12. 空間が平らであるための条件

　空間が平らであれば直線座標系がとれて，$g_{\mu\nu}$ は定数となり，曲率テンソル $R_{\mu\nu\rho\sigma}$ はゼロになる．

　逆に，$R_{\mu\nu\rho\sigma}$ がゼロなら空間は平らである．このことを証明しよう．

　点 x のベクトル A_μ を $x+dx$ まで平行移動する．それから，さらに $x+dx+\delta x$ に平行移動してみよう．その結果は，もし $R_{\mu\nu\rho\sigma}$ がゼロであるならば，まず $x+\delta x$ に平行移動し，つぎに $x+\delta x+dx$ に移すのと同じである．したがって，ベクトルを遠くの点まで移しても，その結果は径路によらない．これは，点 x のベクトル A_μ を空間の各点まで平行移動してつくったベクトル場が $A_{\mu:\nu}=0$ をみたすことを示す．いいかえれば

$$A_{\mu,\nu} = \Gamma^\sigma_{\mu\nu} A_\sigma \tag{12.1}$$

がなりたつ．

　このようなベクトル場 A_μ は，スカラー場の勾配として表わすことができるであろうか？（12.1）で $A_\mu = S,_\mu$ としてみると

$$S,_{\mu\nu} = \Gamma^\sigma_{\mu\nu} S,_\sigma \tag{12.2}$$

となる．$\Gamma^\sigma_{\mu\nu}$ の対称性により $S,_{\mu\nu} = S,_{\nu\mu}$ であるから (12.2) は積分可能である．

(12.2) を満たす 4 個の独立なスカラーをとり，それらを新しい座標系での座標 $x^{\alpha'}$ として使おう．そうすると
$$x^{\alpha'}_{;\mu\nu} = \Gamma^\sigma_{\mu\nu} x^{\alpha'}_{;\sigma}.$$

変換法則 (3.7) によれば
$$g_{\mu\lambda} = g_{\alpha'\beta'} x^{\alpha'}_{;\mu} x^{\beta'}_{;\lambda}$$
のはずだから，これを x^ν について微分して

$$\begin{aligned}
g_{\mu\lambda},_\nu - g_{\alpha'\beta'},_\nu x^{\alpha'}_{;\mu} x^{\beta'}_{;\lambda} &= g_{\alpha'\beta'}(x^{\alpha'}_{;\mu\nu} x^{\beta'}_{;\lambda} + x^{\alpha'}_{;\mu} x^{\beta'}_{;\lambda\nu}) \\
&= g_{\alpha'\beta'}(\Gamma^\sigma_{\mu\nu} x^{\alpha'}_{;\sigma} x^{\beta'}_{;\lambda} + x^{\alpha'}_{;\mu} \Gamma^\sigma_{\lambda\nu} x^{\beta'}_{;\sigma}) \\
&= g_{\sigma\lambda} \Gamma^\sigma_{\mu\nu} + g_{\mu\sigma} \Gamma^\sigma_{\lambda\nu} \\
&= \Gamma_{\lambda\mu\nu} + \Gamma_{\mu\lambda\nu} \\
&= g_{\mu\lambda},_\nu.
\end{aligned}$$

ただし，途中ですぐ上の 2 式をもちい，最後に (7.6) をもちいた．この結果は
$$g_{\alpha'\beta'},_\nu x^{\alpha'}_{;\mu} x^{\beta'}_{;\lambda} = 0$$
を示す．したがって
$$g_{\alpha'\beta'},_\nu = 0.$$
つまり，新しい座標系で見ると基本テンソルは一定である．ゆえに，この座標系を直線座標系として空間は平らである．

13. ビアンキの関係式

　テンソルの２度目の共変微分を考察する手始めに，テンソルが二つのベクトルの外積 $A_\mu B_\tau$ である場合を考えよう．この場合，

$$\begin{aligned}(A_\mu B_\tau)_{:\rho:\sigma} &= (A_{\mu:\rho}B_\tau + A_\mu B_{\tau:\rho})_{:\sigma}\\&= A_{\mu:\rho:\sigma}B_\tau + A_{\mu:\rho}B_{\tau:\sigma} + A_{\mu:\sigma}B_{\tau:\rho}\\&\quad + A_\mu B_{\tau:\rho:\sigma}.\end{aligned}$$

ρ と σ をとりかえて引くと，(11.2) により

$$\begin{aligned}(A_\mu B_\tau)_{:\rho:\sigma} &- (A_\mu B_\tau)_{:\sigma:\rho}\\&= A_\alpha R^\alpha_{\mu\rho\sigma}B_\tau + A_\mu R^\alpha_{\tau\rho\sigma}B_\alpha\end{aligned}$$

を得る．一般のテンソル $T_{\mu\tau}$ は $A_\mu B_\tau$ の形の項の和に書けるから，

$$T_{\mu\tau:\rho:\sigma} - T_{\mu\tau:\sigma:\rho} = T_{\alpha\tau}R^\alpha_{\mu\rho\sigma} + T_{\mu\alpha}R^\alpha_{\tau\rho\sigma} \qquad (13.1)$$

がなりたつことになる．

　ここで，$T_{\mu\tau}$ をベクトルの共変微分 $A_{\mu:\tau}$ にとれば

$$A_{\mu:\tau:\rho:\sigma} - A_{\mu:\tau:\sigma:\rho} = A_{\alpha:\tau}R^\alpha_{\mu\rho\sigma} + A_{\mu:\alpha}R^\alpha_{\tau\rho\sigma}$$

を得る．この式で τ, ρ, σ を巡回的に変えて得られる三つの

方程式を加えあわせると，左辺は，(11.2) により

$$A_{\mu:\rho:\sigma:\tau} - A_{\mu:\sigma:\rho:\tau} + （巡回置換）$$
$$= (A_\alpha R^\alpha_{\mu\rho\sigma})_{:\tau} + （巡回置換）$$
$$= A_{\alpha:\tau} R^\alpha_{\mu\rho\sigma} + A_\alpha R^\alpha_{\mu\rho\sigma:\tau} + （巡回置換） \quad (13.2)$$

をあたえる．右辺は

$$A_{\alpha:\tau} R^\alpha_{\mu\rho\sigma} + （巡回置換） \quad (13.3)$$

となる．これ以外の項は (11.5) によって打ち消しあうのである．左辺＝右辺の式を書くと，(13.2) の第 1 項が (13.3) を打ち消して，

$$A_\alpha R^\alpha_{\mu\rho\sigma:\tau} + （巡回置換） = 0$$

が残る．A_α は，この式のすべての項にあらわれるので，取り去ってよく，結局

$$R^\alpha_{\mu\rho\sigma:\tau} + R^\alpha_{\mu\sigma\tau:\rho} + R^\alpha_{\mu\tau\rho:\sigma} = 0 \quad (13.4)$$

を得る．これをビアンキ恒等式（Bianchi identities）という．

曲率テンソルは，第 11 節で見た対称性とともに，これらの微分方程式をも満たすわけである．まとめてビアンキの関係式とよぶ．

14. リッチ・テンソル

$R_{\mu\nu\rho\sigma}$ の二つの添字を縮約しよう．反対称の二つをとれば，もちろん結果はゼロである．そうでない二つなら，(11.4),(11.7),(11.8) という対称性のため結果は符号のちがいを除いて同じになる．いま，最初と最後の添字につき縮約することにして
$$R^{\mu}_{\nu\rho\mu} = R_{\nu\rho}$$
とおこう．これをリッチ・テンソル（Ricci tensor）という．(11.8) に $g^{\mu\sigma}$ をかければわかるように，リッチ・テンソルは対称である：
$$R_{\nu\rho} = R_{\rho\nu}. \tag{14.1}$$
さらに，もういちど縮約して
$$g^{\nu\rho}R_{\nu\rho} = R^{\nu}_{\nu} = R$$
をつくる．この R はスカラーであって，スカラー曲率，あるいは全曲率とよばれる．これは3次元の球面に対して正となるように定義されている．このことは直接の計算によって容易に確かめることができる．

ビアンキの恒等式（13.4）は5個の添字を含む．そこで縮約を2度行なってダミーでない添字を一つにしてやろう．

$\tau = \alpha$ とおき，かつ $g^{\mu\rho}$ をかければ，
$$g^{\mu\rho}(R^{\alpha}_{\mu\rho\sigma;\alpha} + R^{\alpha}_{\mu\sigma\alpha;\rho} + R^{\alpha}_{\mu\alpha\rho;\sigma}) = 0.$$
第 10 節で見たとおり $g^{\mu\rho}$ は共変微分に対して定数なみであるから，
$$(g^{\mu\rho}R^{\alpha}_{\mu\rho\sigma})_{;\alpha} + (g^{\mu\rho}R^{\alpha}_{\mu\sigma\alpha})_{;\rho} + (g^{\mu\rho}R^{\alpha}_{\mu\alpha\rho})_{;\sigma} = 0. \tag{14.2}$$
ところが，
$$g^{\mu\rho}R^{\alpha}_{\mu\rho\sigma} = g^{\mu\rho}g^{\alpha\beta}R_{\beta\mu\rho\sigma}$$
として（11.8）をもちいると
$$g^{\mu\rho}R^{\alpha}_{\mu\rho\sigma} = g^{\mu\rho}g^{\alpha\beta}R_{\mu\beta\sigma\rho} = g^{\alpha\beta}R_{\beta\sigma}$$
$$= R^{\alpha}_{\sigma}.$$
ここで添字 α, σ を上下に重ねて書いてよいのは，$R_{\alpha\sigma}$ が対称だからである．こうして（14.2）は
$$R^{\alpha}_{\sigma;\alpha} + (g^{\mu\rho}R_{\mu\sigma})_{;\rho} - R_{;\sigma} = 0,$$
すなわち
$$2R^{\alpha}_{\sigma;\alpha} - R_{;\sigma} = 0$$
となる．これはリッチ・テンソルに対するビアンキの関係式である．添字 σ を上げれば
$$\left(R^{\sigma\alpha} - \frac{1}{2}g^{\sigma\alpha}R\right)_{;\alpha} = 0. \tag{14.3}$$

リッチ・テンソルのあからさまな形は，(11.3) から
$$R_{\mu\nu} = \Gamma^{\alpha}_{\mu\alpha,\nu} - \Gamma^{\alpha}_{\mu\nu,\alpha} - \Gamma^{\alpha}_{\mu\nu}\Gamma^{\beta}_{\alpha\beta} + \Gamma^{\alpha}_{\mu\beta}\Gamma^{\beta}_{\nu\alpha}. \tag{14.4}$$
この右辺で，第 2 項以下が μ, ν につき対称なことは目に見えて明らかであるが，第 1 項はそうでない．第 1 項が実際

に対称なことを示すには，多少の計算がいる．たとえば，つぎのようにすればよい．行列式 g を微分するのには，行列の各要素 $g_{\lambda\mu}$ を微分して余因子 $gg^{\lambda\mu}$ をかけるのであった．それゆえ

$$g,_\nu = gg^{\lambda\mu}g_{\lambda\mu,\nu}. \tag{14.5}$$

したがって，(7.5) から

$$\begin{aligned}\Gamma^\alpha_{\mu\alpha} &= g^{\lambda\alpha}\Gamma_{\lambda\mu\alpha} = \frac{1}{2}g^{\lambda\alpha}(g_{\lambda\mu,\alpha} + g_{\lambda\alpha,\mu} - g_{\alpha\mu,\lambda}) \\ &= \frac{1}{2}g^{\lambda\alpha}g_{\lambda\alpha,\mu} = \frac{1}{2}g^{-1}g,_\mu \\ &= \frac{1}{2}(\log g),_\mu \end{aligned} \tag{14.6}$$

を得る．これで (14.4) の第1項の対称なことがわかるであろう．

15. アインシュタインの重力の法則

ここまでは，純粋に数学であった（質点の径路を測地線とした物理的仮定を別にすれば，である）．これは，だいたい前世紀に仕上げられていたことで，どんな次元の曲がった空間にもあてはまる．空間の次元が顔をだすのは
$$g_\mu^\mu = 次元数$$
という式においてだけである．

アインシュタインは，からっぽの空間ではリッチ・テンソルに対して
$$R_{\mu\nu} = 0 \qquad (15.1)$$
がなりたつという仮定をした．これが彼の重力の法則である．ここで"からっぽ"というのは，物質も存在せず，重力場のほかにはどんな物理的な場も存在しないことを意味している．重力場はあっても"からっぽ"であることを破らないが，他の場は破るのである．このからっぽということは，太陽系の惑星間空間には良い近似であてはまり，したがって，そこでは式（15.1）が使えることになる．

平らな空間は，もちろん（15.1）をみたす．そこでは測地線は直線であり質点は直線にそって走る．空間が平らで

ないところでは，アインシュタインの法則が曲率を制約する．そして，このことと惑星が測地線にそって動くことを合わせると，惑星の運動についてある情報が得られる．

ちょっと見たところでは，アインシュタインの重力の法則はニュートンの法則と似ても似つかない．似ているということを見てとるためには，重力場を表わすポテンシャルだと思って $g_{\mu\nu}$ をながめる必要がある．ポテンシャルは，ニュートン流では1個であったが，こんどは10個ある．それらは重力場を表わすだけでなく，座標系の記述もしているのだ．重力場と座標系とは，アインシュタイン理論では分かちがたく結びついており，一方を欠いては他方の記述ができない．

$g_{\mu\nu}$ をポテンシャルであると思ってながめると，(15.1) は場の方程式に見える．たしかに，物理でありふれた場の方程式に似ている．というのは，クリストッフェル記号が1階の導関数を含むので (14.4) には2階の導関数があらわれ，したがって (15.1) は2階の微分方程式になっているからである．しかし，これは非線形であるという点で，物理のふつうの方程式とはちがっている．大ちがいである．非線形であるために，この方程式はいりくんでおり，精度のよい解を得るのがむずかしい．

16. ニュートン近似

 静的な重力場を考え，それを静的な座標系をもちいて扱うことにしよう．そうすると，$g_{\mu\nu}$ は時間的に一定となり $g_{\mu\nu,0} = 0$．さらに
$$g_{m0} = 0 \quad (m = 1, 2, 3).$$
それゆえ，g^{mn} が g_{mn} の逆行列となり
$$g^{m0} = 0,$$
$$g^{00} = (g_{00})^{-1}.$$
いうまでもなく，m, n のようなローマ字の添字は $1, 2, 3$ の値をとる．(7.5) により $\Gamma_{m00} = 0$，したがって $\Gamma^m_{0\,n} = 0$．
 いま，光速にくらべてゆっくり動く質点を考えよう．その質点の速度 $v^m \equiv dx^m/ds$ を 1 次の微小量として，2 次以上を省略するならば
$$g_{00} v^0 v^0 = 1. \tag{16.1}$$
 質点というものは，測地線にそって動くのである．2 次の微小量を省略するから，運動方程式 (8.3) は
$$\frac{dv^m}{ds} = -\Gamma^m_{0\,0} v^0 v^0 = -g^{mn} \Gamma_{n00} v^0 v^0$$

$$= \frac{1}{2} g^{mn} g_{00,\,n} v^0 v^0.$$

ところが，1次までの近似では

$$\frac{dv^m}{ds} = \frac{dv^m}{dx^\mu} \frac{dx^\mu}{ds} = \frac{dv^m}{dx^0} v^0$$

となるから，(16.1) をもちいて

$$\frac{dv^m}{dx^0} = \frac{1}{2} g^{mn} g_{00,\,n} v^0 = g^{mn} (g_{00}{}^{\frac{1}{2}})_{,\,n} \qquad (16.2)$$

を得る．$g_{\mu\nu}$ は x^0 によらないから，添字 m を下げて

$$\frac{dv_m}{dx^0} = (g_{00}{}^{\frac{1}{2}})_{,\,m} \qquad (16.3)$$

としてもよい．

こうして，質点があたかも $g_{00}{}^{1/2}$ というポテンシャルのなかにいるかのように運動することがわかった．ここまででは，アインシュタインの法則はもちいていない．いよいよ，ここでアインシュタインの法則をもちいてポテンシャルに対する条件を導きだし，ニュートン・ポテンシャルとくらべてみよう．

重力場が弱くて空間の曲率は小さいとする．そうすると，座標曲線（$x^m =$ 一定の曲線，$m = 1, 2, 3$）の曲率が小さいような座標系をとることができる．このとき $g_{\mu\nu}$ は近似的に一定で，$g_{\mu\nu,\,\sigma}$ もどのクリストッフェル記号も小さい．これらを1次の微小量として2次以上を省略するならば，アインシュタインの法則 (15.1) は，(14.4) を参照して

$$\Gamma^\alpha_{\mu\alpha,\,\nu} - \Gamma^\alpha_{\mu\nu,\,\alpha} = 0$$

となる．これを計算するには，むしろ第 14 節の冒頭にある $R_{\mu\nu}$ の定義にもどって (11.6) を縮約するのがよい．(11.6) で ρ と μ を入れかえて $g^{\rho\sigma}$ をかけ，2 次以上の項を省略すると（66 ページの訳者注意を参照）

$$g^{\rho\sigma}(g_{\rho\sigma,\,\mu\nu} - g_{\nu\sigma,\,\mu\rho} - g_{\mu\rho,\,\nu\sigma} + g_{\mu\nu,\,\rho\sigma}) = 0. \quad (16.4)$$

ここで $\mu = \nu = 0$ とおき，$g_{\mu\nu}$ が x^0 によらないことをもちいる．すると，

$$g^{mn}g_{00,\,mn} = 0 \quad (16.5)$$

が得られる．

ところで，ダランベールの方程式 (10.9) は，弱い場の近似では

$$g^{\mu\nu}V_{,\,\mu\nu} = 0$$

となり，静的な場合にはラプラスの方程式

$$g^{mn}V_{,\,mn} = 0$$

になるのである．だから，(16.5) は，まさに g_{00} がラプラスの方程式をみたすことをいっている．

時間の単位を適当にとって g_{00} が近似的に 1 に等しくなるようにすることができる．そうすると

$$g_{00} = 1 + 2V \quad (16.6)$$

の V は小さい．$g_{00}^{1/2} = 1 + V$ となり，この V がポテンシャルである．これはラプラスの方程式をみたすのだから，ニュートン・ポテンシャルと同定できる．質量 m が原点にあるという場合なら $V = -m/r$ である．符号を確かめるには，(16.2) が

$$\text{加速度} = -\text{grad}\,V$$

をあたえることに注意すればよい（座標系が近似的に直角座標系にとってあれば，g^{mn} が近似的に -1 を対角要素とする対角形だから，こうなる）．

こうして，アインシュタインの重力の法則が，弱くて静的な場という場合には，ニュートンの法則に移行することがわかった．おかげで，惑星の運動を説明したというニュートン理論の成功は，そのままアインシュタイン理論にひきつがれる．惑星たちの速度は光速にくらべて小さいから，静的の近似は良い近似である．また，空間は非常に平らに近いから，弱い場の近似も良い．それを，大きさのオーダーを当たって確かめておこう．

地球表面での $2V$ の値は，重力定数を G，地球の質量と半径を M, R とし，光速を c とすれば，$2GM/Rc^2$ であたえられ，10^{-9} のオーダーである．それで，(16.6) の g_{00} は 1 に非常に近い．といっても，その 1 とのちがいは地表で見られる重力の重要な効果をひきおこすのに十分な大きさなのである．地球の半径を 10^9 cm のオーダーとすれば，$g_{00, m}$ は 10^{-18} cm^{-1} のオーダーとなる．重力のために空間が曲がっているといっても，平らからのずれは，こんなに小さいのである．しかし，$x^0 = ct$ としてきたので，地表での重力加速度をだすには，これに光速の二乗をかけなければならない．こうして得られる約 10^3 cm/s^2 という重力加速度はかなりのものである．空間の曲がりは小さくて，とても直接には観測にかからないのに，である．

[**注意**] $g^{\rho\sigma}$ の対称性などを用いて（16.4）の括弧の中を $\rho \to \sigma \to \mu \to \nu \to \rho$ という循環的置換の形
$$g^{\rho\sigma}(g_{\rho\sigma,\mu\nu} - g_{\sigma\mu,\nu\rho} + g_{\mu\nu,\rho\sigma} - g_{\nu\rho,\sigma\mu}) = 0$$
にすることができる．

17. 重力による赤方偏移

ここでも静的な重力場を考え，その一点に静止した原子が単色光をだしているものとしよう．その光の波長には，きまった Δs が対応する．原子は静止しているのだから，前節でももちいたような静的な座標系においては
$$(\Delta s_{光源})^2 = g_{00}(\Delta x^0)^2$$
となる．ここに，Δx^0 は光の周期，つまり光の波のひきつづく山のあいだの時間を，いまの静的な座標系で測ったものである．

光が別の場所にいる観測者のところまで走っていっても Δx^0 は変わらない．座標系も重力場も静的で $g_{\mu\nu}$ が x^0 によらないため，Δx^0 だけ遅れて原子をでた光の経路（測地線）は，はじめの光の経路を単に x^0 方向に Δx^0 だけずらせば得られるからである（第6図）．

この Δx^0 は，しかし，観測者のところの原子がだす同じスペクトル線の周期には等しくない．その周期は，その場所の g_{00} を使って計算した $\Delta s_{観測}$ である．ここでは g_{00}（観測地点）$= 1$ としておこう．

こうして，観測される光の周期が光源の位置の重力ポテ

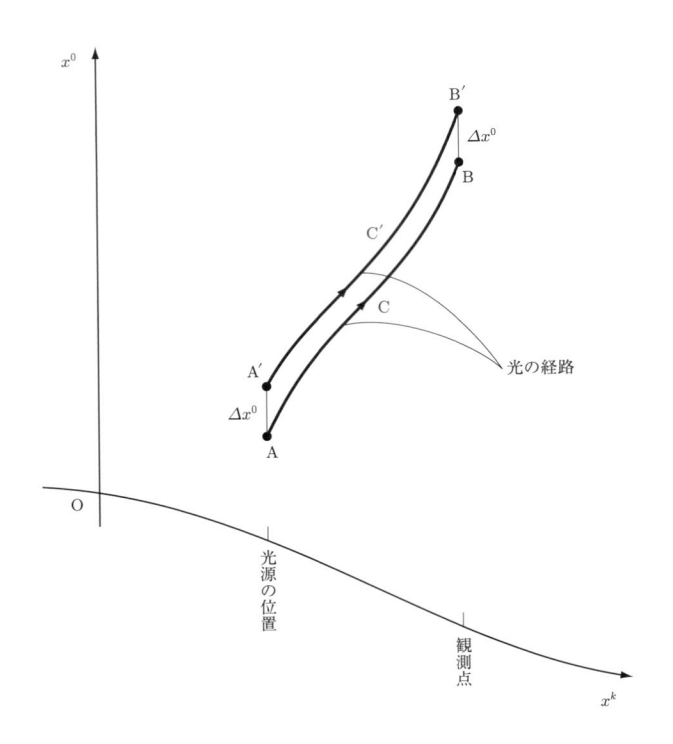

第 6 図 重力場も座標系も静的な場合，ACB が光の経路（ゼロ測地線）なら，それを x^0 方向に平行移動した A′C′B′ も光の経路である．

ンシャルによって変わることがわかった：

$$\Delta s_{観測} = \Delta x^0 = \Delta s_{光源} g_{00}{}^{-\frac{1}{2}},$$

スペクトル線は，この因子 $g_{00}{}^{-1/2}$ だけ偏移するのである．

ニュートン近似（16.6）の範囲では

$$\Delta s_{観測} = (1-V)\Delta s_{光源}$$

となる．太陽の表面のように重力の強いところでは V は負であるから，そこからきた光は，地上で発せられる対応する光にくらべて波長がのびている，つまり赤方偏移しているということになる．この効果は，太陽からの光についても見られるにはちがいないが，どちらかといえば，光をだす原子が運動しているせいでおこるドップラー効果におおいかくされがちである．赤方偏移がもっとはっきり観測されるのは，白色矮星のだす光についてだ．この星は物質密度が異常に高くて，ずっと強い重力ポテンシャルをつくりだすのである．

18. シュヴァルツシルトの解

からっぽの空間に対するアインシュタイン方程式が，すでに非線形であって，非常にいりくんでおり，容易には正確な解が得られない．しかし，ひとつだけ特別の場合があって，たいした手間をかけずに解がだせる．それは静止した球対称な物体がつくる静的で球対称な場である．

静的という条件は，静的な座標系を使えば，$g_{\mu\nu}$ が時間 x^0（すなわち t）によらず，また $g_{0m}=0$ になるということだ．空間座標を極座標 $x^1=r$, $x^2=\theta$, $x^3=\phi$ としよう．球対称性と両立するもっとも一般な ds^2 の形は

$$ds^2 = Udt^2 - Vdr^2 - Wr^2(d\theta^2 + \sin^2\theta d\phi^2)$$

である．ただし，U, V, W は r のみの関数とする．

ところで，座標 r であるが，これを r のどんな関数でおきかえても球対称性をこわす気づかいはない．この自由を利用して事柄をできるかぎり簡単にしよう．もっとも便利なのは $W=1$ とすることである．すると，ds^2 の表式は

$$ds^2 = e^{2\nu}dt^2 - e^{2\lambda}dr^2 - r^2 d\theta^2 - r^2\sin^2\theta d\phi^2 \quad (18.1)$$

となる．ν と λ は r のみの関数である．これらをうまく選

んでアインシュタイン方程式（15.1）をみたすようにしよう．

$g_{\mu\nu}$ の値を（18.1）から読みとると，
$$g_{00} = e^{2\nu}, \qquad g_{11} = -e^{2\lambda},$$
$$g_{22} = -r^2, \qquad g_{33} = -r^2\sin^2\theta.$$
そして
$$g_{\mu\nu} = 0 \qquad (\mu \neq \nu \text{ に対し}).$$
したがって，
$$g^{00} = e^{-2\nu}, \qquad g^{11} = -e^{-2\lambda},$$
$$g^{22} = -r^{-2}, \qquad g^{33} = -r^{-2}\sin^{-2}\theta$$
かつ
$$g^{\mu\nu} = 0 \qquad (\mu \neq \nu \text{ に対して}).$$

クリストッフェル記号を計算すると，その多くはゼロになる．ゼロにならないものは，r による微分をダッシュで表わして（$\Gamma^\sigma_{\mu\nu} = \Gamma^\sigma_{\nu\mu}$ の一方のみ書く）

$\Gamma^1_{00} = \nu' e^{2\nu-2\lambda}$ $\qquad \Gamma^0_{10} = \nu'$
$\Gamma^1_{11} = \lambda'$ $\qquad \Gamma^2_{12} = \Gamma^3_{13} = r^{-1}$
$\Gamma^1_{22} = -re^{-2\lambda}$ $\qquad \Gamma^3_{23} = \cot\theta$
$\Gamma^1_{33} = -r\sin^2\theta\, e^{-2\lambda}$ $\qquad \Gamma^2_{33} = -\sin\theta\cos\theta$.

これらを（14.4）に代入するとリッチ・テンソルが求められる．すなわち

$$R_{00} = \left(-\nu'' + \lambda'\nu' - \nu'^2 - \frac{2\nu'}{r}\right)e^{2\nu-2\lambda}, \qquad (18.2)$$

$$R_{11} = \nu'' - \lambda'\nu' + \nu'^2 - \frac{2\lambda'}{r}, \qquad (18.3)$$

$$R_{22} = (1 + r\nu' - r\lambda')e^{-2\lambda} - 1, \qquad (18.4)$$
$$R_{33} = R_{22}\sin^2\theta.$$

$R_{\mu\nu}$ の他の成分はゼロである．

アインシュタインの重力の法則（15.1）は，上記の $R_{\mu\nu}$ がゼロに等しいと主張する．（18.2）と（18.3）がゼロということから
$$\lambda' + \nu' = 0.$$
ところが，r の大きいところでは空間は近似的に平らになるはずであるから，λ も ν も $r \to \infty$ でゼロに近づく．したがって
$$\lambda + \nu = 0.$$
そうすると，（18.4）がゼロということから
$$(1 + 2r\nu')e^{2\nu} = 1.$$
すなわち
$$(re^{2\nu})' = 1.$$
したがって
$$re^{2\nu} = r - 2m.$$
ただし，m は積分定数である．これを代入すると（18.2），（18.3）もゼロになる．こうして
$$g_{00} = 1 - \frac{2m}{r} \qquad (18.5)$$
が得られた．

r の大きいところではニュートン近似がなりたつはずである．そう思って（18.5）と（16.6）をくらべれば，（18.5）

にある積分定数 m は，中心にあって重力場をつくりだしている物体の質量とみなすべきことがわかる．

解をすっかり書き下せば
$$ds^2 = \left(1 - \frac{2m}{r}\right)dt^2 - \left(1 - \frac{2m}{r}\right)^{-1}dr^2 - r^2 d\theta^2 - r^2 \sin^2\theta d\phi^2. \tag{18.6}$$

これはシュヴァルツシルト（Schwarzschild）の解として知られている．物質のないところ，すなわち重力場をつくりだす物体の外側でなりたつもので，星の表面から外の重力場をかなり正確に表わす．

この解（18.6）は，太陽のまわりを回る惑星の運動について，ニュートンの理論にわずかの補正をもたらす．これらの補正は，太陽にもっとも近い水星の場合にのみ利き，この惑星の運動がニュートン理論からずれていることを説明する．アインシュタイン理論に対するおどろくべき裏書きである．

19. ブラック・ホール

解 (18.6) は $r = 2m$ に特異点をもつ. そこで $g_{00} = 0$, $g_{11} = \pm\infty$ となるのである. それで $r = 2m$ が質量 m の物体の最小半径をなすように思われるであろう. だが, よく調べてみると, そうではないことがわかる.

シュヴァルツシルト場で中心の物体に向かって落下する質点を考え, その速度ベクトルを $v^\mu = dx^\mu/ds$ としよう. いま落下は中心に向かって一直線におこるものとする. そこで $v^2 = v^3 = 0$ である. 質点の運動は, 測地線の方程式 (8.3) で決定されるのだ:

$$\frac{dv^0}{ds} = -\Gamma^0_{\mu\nu} v^\mu v^\nu = -g^{00} \Gamma_{0\mu\nu} v^\mu v^\nu$$
$$= -g^{00} g_{00,1} v^0 v^1 = -g^{00} \frac{dg_{00}}{ds} v^0.$$

この式は, いま $g^{00} = 1/g_{00}$ なので

$$g_{00} \frac{dv^0}{ds} + \frac{dg_{00}}{ds} v^0 = 0$$

となる. 積分して

$$g_{00} v^0 = k.$$

k は定数で, 質点が落ちはじめるときの g_{00} の値に等しい.

他方，$g_{\mu\nu}$ は対角的であり，$v^2 = v^3 = 0$ であるから
$$1 = g_{\mu\nu}v^\mu v^\nu = g_{00}v^0 v^0 + g_{11}v^1 v^1.$$
この方程式に g_{00} をかけ，前節の $\lambda + \nu = 0$ から知ることのできる関係 $g_{00}g_{11} = -1$ を使うと
$$k^2 - (v^1)^2 = g_{00} = 1 - \frac{2m}{r}.$$
落下の際には $v^1 < 0$ であるから，
$$v^1 = -\left(k^2 - 1 + \frac{2m}{r}\right)^{\frac{1}{2}}.$$
そこで
$$\frac{dt}{dr} = \frac{v^0}{v^1} = -k\left(1 - \frac{2m}{r}\right)^{-1}\left(k^2 - 1 + \frac{2m}{r}\right)^{-\frac{1}{2}}.$$
いま，質点が臨界半径に近づいたとして $r = 2m + \varepsilon$ とおく．ε は小さいとして，その二乗を省略すれば
$$\frac{dt}{dr} = -\frac{2m}{\varepsilon} = -\frac{2m}{r - 2m}.$$
これは，ただちに積分できて
$$t = -2m \log(r - 2m) + \text{const.}$$
これから $r \downarrow 2m$ で $t \to \infty$ となることがわかる．質点が臨界半径 $r = 2m$ に着くまでには無限の時間がかかるわけである．

質点がきまったスペクトル線の光をだしているとし，それを誰かが遠方で観測するものとしよう．その光は $g_{00}{}^{-1/2} = (1 - 2m/r)^{-1/2}$ 倍だけ赤方偏移するが，この因子は，質点が臨界半径に近づくと無限大になる．光にかぎ

らず，質点のところでおこるどんな物理現象も，遠方の観測者から見ると，質点が $r = 2m$ に近づくにつれてどんどん緩慢になっていくのである．

もし，質点にのって走る観測者がいたらどうであろう？ 彼の時間は ds である．上の計算から

$$\frac{ds}{dr} = \frac{1}{v^1} = -\left(k^2 - 1 + \frac{2m}{r}\right)^{-\frac{1}{2}}$$

となり，これは $r \to 2m$ のとき $-k^{-1}$ に収束する．したがって，この観測者から見ると固有時で有限の時間に質点は $r = 2m$ に到着する．この走る観測者は年齢を重ねること有限のうちに $r = 2m$ に着いてしまうのである．そのあと彼はどうなるのか？ 彼は，からっぽの空間を r のより小さいところに向かって飛びつづけるのであろう．

シュヴァルツシルトの解を $r < 2m$ にまで延長するには，静的でない座標を使う必要がある．$g_{\mu\nu}$ が時間とともに変わるとするのである．いま，θ と ϕ は前のまま使い，他方 t と r のかわりに

$$\tau = t + f(r), \qquad \rho = t + g(r) \qquad (19.1)$$

で定義される τ と ρ をもちいることにしよう．関数 f, g は，われわれが自由に選ぶことができる．

ふたたび r による微分をダッシュで表わして，

赤方偏移が ∞ の面　光の道筋

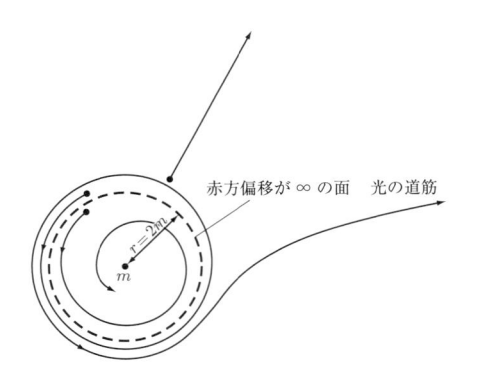

第 7 図　シュヴァルツシルト時空で $r = 2m$ を半径とする球面をシュヴァルツシルト表面という．

$r \downarrow 2m$ で $g_{00} \downarrow 0$ となるので，シュヴァルツシルト表面の外側にある光源は，この表面に近ければ近いだけ，かぎりなく大きな赤方偏移を示す．また $g_{11} \uparrow \infty$ ともなるから，光は r 方向になかなか進むことができず，表面に平行にちかく発射された光は，これに沿って何回もまわってからとび去ることになる．

$r < 2m$ では，外向きに発射された光も内向きに落下してしまう．$r = 2m$ の事象は外側の観測者にはけっして見えないので，境界 $r = 2m$ の面を"事象の地平線"ともよぶ．

$r = 2m$ をシュヴァルツシルト半径ともいう．重力定数 G，光速 c もあからさまに書くと

$$\text{シュヴァルツシルト半径} = \frac{2Gm}{c^2}$$

となり，太陽の質量 $M_\odot = 1.99 \times 10^{33}$ g を基準にすれば，これは $2.95 \times m/M_\odot \times 10^5$ cm となる．白色矮星は太陽と同じ程度の質量をもち，半径は太陽半径 $R_\odot = 6.96 \times 10^{10}$ cm の 10 分の 1 から 100 分の 1 である．シュヴァルツシルト表面が露出するのは，大きな星が重力崩壊をおこしたあとだけであろう．

$$d\tau^2 - \frac{2m}{r}d\rho^2 = (dt + f'dr)^2 - \frac{2m}{r}(dt + g'dr)^2$$
$$= \left(1 - \frac{2m}{r}\right)dt^2 + 2\left(f' - \frac{2m}{r}g'\right)dtdr$$
$$+ \left(f'^2 - \frac{2m}{r}g'^2\right)dr^2$$
$$= \left(1 - \frac{2m}{r}\right)dt^2 - \left(1 - \frac{2m}{r}\right)^{-1}dr^2. \tag{19.2}$$

ただし，関数 f, g を

$$f' = \frac{2m}{r}g' \tag{19.3}$$

かつ

$$\frac{2m}{r}g'^2 - f'^2 = \left(1 - \frac{2m}{r}\right)^{-1} \tag{19.4}$$

となるように選んだ．これらの条件から f を消去すれば

$$g' = \left(\frac{r}{2m}\right)^{\frac{1}{2}}\left(1 - \frac{2m}{r}\right)^{-1}. \tag{19.5}$$

これを積分するには，$r = y^2$, $2m = a^2$ とおく．$r > 2m$ なら $y > a$ である．こうすると

$$\frac{dg}{dy} = 2y\frac{dg}{dr} = \frac{2y^4}{a}\frac{1}{y^2 - a^2}$$

となり，

$$g = \frac{2}{3a}y^3 + 2ay - a^2\log\frac{y+a}{y-a}. \tag{19.6}$$

他方，(19.3) と (19.5) から

$$g' - f' = \left(1 - \frac{2m}{r}\right)g' = \left(\frac{r}{2m}\right)^{\frac{1}{2}}$$

を得るので，積分して

$$\frac{2}{3}\frac{1}{\sqrt{2m}}r^{\frac{3}{2}} = g - f = \rho - \tau. \tag{19.7}$$

ゆえに

$$r = \mu(\rho - \tau)^{\frac{2}{3}}. \tag{19.8}$$

ただし

$$\mu = \left(\frac{3}{2}\sqrt{2m}\right)^{\frac{2}{3}}.$$

 こうして (19.1) により条件 (19.3),(19.4) をみたせることがわかったので，(19.2) が使える．シュヴァルツシルトの解 (18.6) に代入すれば

$$ds^2 = d\tau^2 - \frac{2m}{\mu(\rho-\tau)^{2/3}}d\rho^2$$
$$- \mu^2(\rho-\tau)^{4/3}(d\theta^2 + \sin^2\theta d\phi^2) \tag{19.9}$$

を得る．臨界半径 $r = 2m$ は (19.7) により $\rho - \tau = 4m/3$ に対応する．そこには，しかし，計量 (19.9) に何の特異性もない．

 計量 (19.9) は，領域 $r > 2m$ ではからっぽの空間に対するアインシュタイン方程式をみたすのである．なぜなら，単なる座標変換でシュヴァルツシルトの解に移るのだから——．これは，さらに $r \leqq 2m$ でもアインシュタイン方程式をみたすだろう．$r = 2m$ に何の特異性もないのだから，

解析接続により，当然そうなるはずである．これは，$r=0$（すなわち $\rho-\tau=0$）にいたるまで，ずっと解でありつづける．

特異性はどこにいったかといえば，それは新旧の座標を結ぶ関係（19.1）に移されたのである．（19.6）を見よ．だが，いったん新しい座標系が設定された上は，古い座標系は忘れ去ってよい．特異性もこれで消失である．

こうして，シュヴァルツシルト解は $r<2m$ まで延長できることがわかった．しかし，この領域は $r>2m$ の領域と交信不可能なのである．どんな信号も，光だって，境界 $r=2m$ を越すのに無限の時間を要する．これは容易に確かめられることである．したがって，領域 $r<2m$ について，われわれは直接の観測による知見をもち得ない．このような領域はブラック・ホールとよばれる．物はそのなかに落ちこむであろうが（われわれの時計では無限の時間かかる），何もでてくることはないからである．

そんな領域がほんとうに存在できるであろうか？　われわれにいえることは，アインシュタイン方程式はそれを許容するということだけである．大質量の星がつぶれてきわめて小さい半径になり，その結果として重力が特別に強くなれば，物理学で既知のどんな力もこれを支えることができず，崩壊はさらに進まざるを得ないであろう．そうすれば，ブラック・ホールとなるほかなさそうである．それには，われわれの時計でこそ無限の時間かかるが，崩壊してゆく物質それ自身からすれば時間は有限でしかない．

20. テンソル密度

座標を変換すると，4次元の体積要素は
$$dx^{0'}dx^{1'}dx^{2'}dx^{3'} = J dx^0 dx^1 dx^2 dx^3 \qquad (20.1)$$
のように変換する．ここに J はヤコビアン
$$J = \frac{\partial(x^{0'},\ x^{1'},\ x^{2'},\ x^{3'})}{\partial(x^0,\ x^1,\ x^2,\ x^3)} = x^{\mu'}_{;\alpha} \quad \text{の行列式}$$
である．(20.1) を手短かに
$$d^4 x' = J d^4 x \qquad (20.2)$$
と書くことにしよう．

さて，
$$g_{\alpha\beta} = x^{\mu'}_{;\alpha} g_{\mu'\nu'} x^{\nu'}_{;\beta}$$
であるが，この右辺を三つの行列の積と見ることができる．第一の行列は行が α で列が μ' で指定される．第二の行列は行が μ' で列が ν' で指定され，第三の行列は行が ν' で列が β で指定されるのである．この行列の積が左辺の行列 $g_{\alpha\beta}$ に等しい．それに応じて行列式のあいだにも
$$g = J g' J,$$
すなわち
$$g = J^2 g'$$

の関係がある．

g は負の量だから，$\sqrt{-g}$ を正の平方根として
$$\sqrt{-g} = J\sqrt{-g'}. \qquad (20.3)$$
いま，S をスカラー場とすれば，$S = S'$ であり
$$\int S\sqrt{-g}\, d^4x = \int S\sqrt{-g'}\, J d^4x = \int S'\sqrt{-g'}\, d^4x'$$
となる．ただし，x' の積分領域は x のそれに対応するものとする．これは
$$\int S\sqrt{-g}\, d^4x = \text{不変} \qquad (20.4)$$
を意味している．$S\sqrt{-g}$ をスカラー密度とよぶ．その心は積分が不変量だということである．

同様に，任意のテンソル場 $T^{\mu\nu\cdots}$ に対し $T^{\mu\nu\cdots}\sqrt{-g}$ をテンソル密度という．積分
$$\int T^{\mu\nu\cdots}\sqrt{-g}\, d^4x$$
は，積分領域が小さければ，テンソルになる．積分領域が小さくないと，これはテンソルにならない．それは，異なった場所のテンソルの和であって，座標変換にともなう変換はけっして簡単ではないからである．

$\sqrt{-g}$ は今後しばしばもちいる．これを手短かに $\sqrt{}$ と書くことにしよう．そうすると，
$$g^{-1}g_{,\nu} = 2\sqrt{}^{-1}\sqrt{}_{,\nu}$$
となり，公式（14.5）は

$$\sqrt{}\,,_\nu = \frac{1}{2}\sqrt{}\, g^{\lambda\mu} g_{\lambda\mu},_\nu \tag{20.5}$$

と書かれ，公式 (14.6) は

$$\Gamma^\mu_{\nu\mu}\sqrt{} = \sqrt{}\,,_\nu \tag{20.6}$$

と書かれる．

21. ガウスの定理，ストークスの定理

ベクトル A^μ の共変的発散（covariant divergence）$A^\mu{}_{:\mu}$ はスカラーである．これは（20.6）によれば
$$A^\mu{}_{:\mu} = A^\mu{}_{;\mu} + \Gamma^\mu_{\nu\mu} A^\nu = A^\mu{}_{,\mu} + \sqrt{}^{-1} \sqrt{}_{,\nu} A^\nu$$
だから
$$A^\mu{}_{:\mu} \sqrt{} = (A^\mu \sqrt{})_{,\mu}. \tag{21.1}$$
そこで，$A^\mu{}_{:\mu}$ を（20.4）の S に代入すれば，不変量
$$\int A^\mu{}_{:\mu} \sqrt{} \, d^4x = \int (A^\mu \sqrt{})_{,\mu} d^4x$$
を得る．積分領域が 4 次元時空の有限体積なら，右辺はガウスの定理によって 3 次元の表面積分に直される．

もし，$A^\mu{}_{:\mu} = 0$ ならば
$$(A^\mu \sqrt{})_{,\mu} = 0 \tag{21.2}$$
となり，これは保存則をあたえる．すなわち，密度が $A^0 \sqrt{}$ で流束が 3 次元の $A^m \sqrt{}$ $(m=1,2,3)$ であたえられる流体が保存されるということである．実際，（21.2）を時刻 x^0 のきまった 3 次元体積 V の上で積分すれば

$$\left(\int_V A^0 \sqrt{\,}\, d^3x\right)_{,0} = -\int_V (A^m\sqrt{\,})_{,m} d^3x$$
$$= -\begin{pmatrix} V \text{ の境界にわたる，流束 } A^m\sqrt{\,} \text{ の} \\ \text{法線成分の表面積分} \end{pmatrix}$$

となる．V の境界を過ぎる流れがなければ $\int A^0 \sqrt{\,}\, d^3x$ は一定である．

ベクトル A^μ に対するこの結果は，一般には，二つ以上の添字をもつテンソルには拡張されない．たとえば二つの添字をもつテンソル $Y^{\mu\nu}$ を考えてみよう．平らな空間でならば，$\int Y^{\mu\nu}_{\;\;\;,\nu} d^4x$ はガウスの定理を使って表面積分に直せるが，曲がった空間では，一般に $\int Y^{\mu\nu}_{\;\;\;:\nu}\sqrt{\,}\, d^4x$ を表面積分に直すことはできない．その例外は，反対称テンソル $F^{\mu\nu} = -F^{\nu\mu}$ の場合である．

この場合には，
$$F^{\mu\nu}_{\;\;\;:\sigma} = F^{\mu\nu}_{\;\;\;,\sigma} + \Gamma^\mu_{\sigma\rho}F^{\rho\nu} + \Gamma^\nu_{\sigma\rho}F^{\mu\rho}$$
だから，
$$F^{\mu\nu}_{\;\;\;:\nu} = F^{\mu\nu}_{\;\;\;,\nu} + \Gamma^\mu_{\nu\rho}F^{\rho\nu} + \Gamma^\nu_{\nu\rho}F^{\mu\rho}$$
$$= F^{\mu\nu}_{\;\;\;,\nu} + \sqrt{\,}^{-1}\sqrt{\,}_{,\rho}F^{\mu\rho}.$$

ここで $F^{\rho\nu}$ の反対称性と (20.6) をもちいた．このことから，
$$F^{\mu\nu}_{\;\;\;:\nu}\sqrt{\,} = (F^{\mu\nu}\sqrt{\,})_{,\nu} \tag{21.3}$$
となり，
$$\int F^{\mu\nu}_{\;\;\;:\nu}\sqrt{\,}\, d^4x = \text{表面積分}$$

がいえる．もし $F^{\mu\nu}{}_{:\nu} = 0$ なら保存則がなりたつことになるのである．

対称テンソル $Y^{\mu\nu} = Y^{\nu\mu}$ の場合には，一方の添字をひき下ろして $Y_\mu{}^\nu{}_{:\nu}$ をあつかうことにすれば，余分の項はつくけれども似たような式が書ける．まず，
$$Y_\mu{}^\nu{}_{:\sigma} = Y_\mu{}^\nu{}_{,\sigma} - \Gamma^\alpha_{\mu\sigma} Y_\alpha{}^\nu + \Gamma^\nu_{\sigma\alpha} Y_\mu{}^\alpha$$
で $\sigma = \nu$ とおいて (20.6) をもちいれば
$$Y_\mu{}^\nu{}_{:\nu} = Y_\mu{}^\nu{}_{,\nu} - \Gamma_{\alpha\mu\nu} Y^{\alpha\nu} + \sqrt{-1}\sqrt{}{}_{,\alpha} Y_\mu{}^\alpha.$$
$Y^{\alpha\nu}$ は対称であるから，右辺の $\Gamma_{\alpha\mu\nu}$ を
$$\frac{1}{2}(\Gamma_{\alpha\nu\mu} + \Gamma_{\nu\alpha\mu}) = \frac{1}{2} g_{\alpha\nu,\mu}$$
でおきかえてよい．ここで (7.6) をもちいた．こうして
$$Y_\mu{}^\nu{}_{:\nu} \sqrt{} = (Y_\mu{}^\nu \sqrt{})_{,\nu} - \frac{1}{2} g_{\alpha\beta,\mu} Y^{\alpha\beta} \sqrt{} \qquad (21.4)$$
が得られるのである．

共変ベクトル A_μ に対しては
$$A_{\mu:\nu} - A_{\nu:\mu} = (A_{\mu,\nu} - \Gamma^\rho_{\mu\nu} A_\rho) - (A_{\nu,\mu} - \Gamma^\rho_{\nu\mu} A_\rho)$$
$$= A_{\mu,\nu} - A_{\nu,\mu}. \qquad (21.5)$$
つまり，共変 curl がふつうの curl に等しい．このことは共変ベクトルに対してのみ正しい．そもそも反変ベクトルの curl はつくれない．添字がバランスしないからである．

(21.5) で $\mu = 1$, $\nu = 2$ としてみよう．そうすると
$$A_{1:2} - A_{2:1} = A_{1,2} - A_{2,1}.$$
これを $x^0 = $ 一定, $x^3 = $ 一定 の面分 $\mathfrak{S}$ にわたって積分す

る．ストークスの定理により

$$\iint_{\mathfrak{S}} (A_{1;2} - A_{2;1}) dx^1 dx^2$$
$$= \iint_{\mathfrak{S}} (A_{1,2} - A_{2,1}) dx^1 dx^2$$
$$= \int_{\partial \mathfrak{S}} (A_1 dx^1 + A_2 dx^2). \qquad (21.6)$$

最後の積分は $\mathfrak{S}$ の周囲 $\partial \mathfrak{S}$ にわたる．こうして，面を過ぎる流れの積分が，その面の周囲にわたる一周積分に等しいという結果を得た．これは，面の方程式が $x^0 =$ 一定，$x^3 =$ 一定 となる場合にかぎらず，どんな座標系においても一般になりたつのである．

このことを座標系によらない不変な形に書き表わすために，2 次元の面要素に対する一般公式を導入しよう．二つの微小な反変ベクトル ξ^μ, ζ^μ をとれば，これらが張る面要素は二つ添字の反対称テンソル

$$dS^{\mu\nu} = \xi^\mu \zeta^\nu - \xi^\nu \zeta^\mu$$

できまる．もし ξ^μ の成分が $0, dx^1, 0, 0$ で ζ^μ が成分 $0, 0, dx^2, 0$ であれば，$dS^{\mu\nu}$ の成分は

$$dS^{12} = dx^1 dx^2, \qquad dS^{21} = -dx^1 dx^2$$

を除いてゼロである．これをもちいて (21.6) の左辺を

$$\iint A_{\mu;\nu} dS^{\mu\nu}$$

と書くことができる．右辺のほうは，明らかに

$$\int A_\mu dx^\mu$$

であるから，公式は
$$\frac{1}{2}\iint_{面}(A_{\mu:\nu}-A_{\nu:\mu})dS^{\mu\nu}=\int_{周囲}A_\mu dx^\mu \qquad (21.7)$$
となる．

22. 調和座標

スカラー場 V に対するダランベールの方程式 $\Box V = 0$ は，(10.9) に見るとおり
$$g^{\mu\nu}(V_{,\mu\nu} - \Gamma^{\alpha}_{\mu\nu}V_{,\alpha}) = 0 \qquad (22.1)$$
である．

ところで，もし空間が平らで，しかもまっすぐな座標軸を使っているなら，各座標 x^{λ} は $\Box x^{\lambda} = 0$ をみたす．

では，x^{λ} を (22.1) の V のところに入れたらどうであろう？ x^{λ} は V とちがってスカラーではないから，それでテンソル方程式ができるわけではない．その方程式は，だから，特別な座標系でなりたつだけである．いいかえると，その方程式は座標系を制限する条件になる．

x^{λ} を V のところに入れるなら，$V_{,\alpha}$ のところには $x^{\lambda}_{,\alpha} = g^{\lambda}_{\alpha}$ を入れるべきである．それゆえ方程式 (22.1) は
$$g^{\mu\nu}\Gamma^{\lambda}_{\mu\nu} = 0 \qquad (22.2)$$
となる．この条件を満たす座標を調和座標 (harmonic coordinate) とよぶ．これは，曲がった空間においては直線座標にもっとも近いものである．どんな問題を解くさい

にも，使いたければ使ってよいが，たいしてありがたみがないという場合が多い．というのは，座標を一般にしたテンソル形式がほんとうにまったく便利だからである．しかし，重力波をあつかうには調和座標が非常に役にたつ．

一般の座標でいうと，(7.9) と (7.6) から

$$g^{\mu\nu}{}_{,\sigma} = -g^{\mu\alpha}g^{\nu\beta}(\Gamma_{\alpha\beta\sigma} + \Gamma_{\beta\alpha\sigma})$$
$$= -g^{\nu\beta}\Gamma^{\mu}_{\beta\sigma} - g^{\mu\alpha}\Gamma^{\nu}_{\alpha\sigma} \qquad (22.3)$$

となるので，(20.6) をもちいて

$$(g^{\mu\nu}\sqrt{\,}){}_{,\sigma} = (-g^{\nu\beta}\Gamma^{\mu}_{\beta\sigma} - g^{\mu\alpha}\Gamma^{\nu}_{\alpha\sigma} + g^{\mu\nu}\Gamma^{\beta}_{\sigma\beta})\sqrt{\,}. \qquad (22.4)$$

$\sigma = \nu$ とおいて縮約すると，

$$(g^{\mu\nu}\sqrt{\,}){}_{,\nu} = -g^{\nu\beta}\Gamma^{\mu}_{\beta\nu}\sqrt{\,}. \qquad (22.5)$$

となる．

こうして，調和座標の条件に対する別の形

$$(g^{\mu\nu}\sqrt{\,}){}_{,\nu} = 0 \qquad (22.6)$$

が得られた．

23. 電 磁 場

電場 $\boldsymbol{E}$, 磁場 $\boldsymbol{H}$ とポテンシャル $\boldsymbol{A}, \phi$ の関係は,

$$\boldsymbol{E} = -\frac{1}{c}\frac{\partial \boldsymbol{A}}{\partial t} - \mathrm{grad}\,\phi, \tag{23.1}$$

$$\boldsymbol{H} = \mathrm{curl}\,\boldsymbol{A}. \tag{23.2}$$

マクスウェル方程式は, ふつうつぎの形に書かれる：

$$\frac{1}{c}\frac{\partial \boldsymbol{H}}{\partial t} = -\mathrm{curl}\,\boldsymbol{E}, \tag{23.3}$$

$$\mathrm{div}\,\boldsymbol{H} = 0, \tag{23.4}$$

$$\frac{1}{c}\frac{\partial \boldsymbol{E}}{\partial t} = \mathrm{curl}\,\boldsymbol{H} - \frac{4\pi}{c}\boldsymbol{j}, \tag{23.5}$$

$$\mathrm{div}\,\boldsymbol{E} = 4\pi\rho. \tag{23.6}$$

われわれは, まず, これらを特殊相対論の4次元形式に直さなければならない. そこではポテンシャル $\boldsymbol{A}, \phi$ は4元ベクトル κ^μ をなすのであって

$$\kappa^0 = \phi, \qquad \kappa^m = A^m \qquad (m=1,2,3).$$

これらをもちいて

$$F_{\mu\nu} = \kappa_{\mu,\,\nu} - \kappa_{\nu,\,\mu} \tag{23.7}$$

を定義しよう. そうすると, (23.1) から

$$E^1 = -\frac{\partial \kappa^1}{\partial x^0} - \frac{\partial \kappa^0}{\partial x^1} = \frac{\partial \kappa_1}{\partial x^0} - \frac{\partial \kappa_0}{\partial x^1}$$
$$= F_{10} = -F^{10}.$$

また，(23.2) から
$$H^1 = \frac{\partial \kappa^3}{\partial x^2} - \frac{\partial \kappa^2}{\partial x^3} = -\frac{\partial \kappa_3}{\partial x^2} + \frac{\partial \kappa_2}{\partial x^3}$$
$$= F_{23} = F^{23}$$

となるので，反対称テンソル $F_{\mu\nu}$ の 6 個の成分が場の量 $\boldsymbol{E}, \boldsymbol{H}$ をきめることがわかる．

定義 (23.7) から
$$F_{\mu\nu,\sigma} + F_{\nu\sigma,\mu} + F_{\sigma\mu,\nu} = 0 \tag{23.8}$$
となるが，これがマクスウェル方程式のうち (23.3) と (23.4) をあたえる．また，(23.6) からは

$$F^{0\nu}{}_{,\nu} = F^{0m}{}_{,m} = -F^{m0}{}_{,m}$$
$$= \operatorname{div} \boldsymbol{E} = 4\pi\rho \tag{23.9}$$

が得られ，(23.5) からは

$$F^{1\nu}{}_{,\nu} = F^{10}{}_{,0} + F^{12}{}_{,2} + F^{13}{}_{,3}$$
$$= -\frac{\partial E^1}{\partial x^0} + \frac{\partial H^3}{\partial x^2} - \frac{\partial H^2}{\partial x^3} = \frac{4\pi}{c} j^1 \tag{23.10}$$

が得られる．電荷密度 ρ と電流密度 j^m が
$$J^0 = \rho, \qquad J^m = j^m/c$$
にしたがって 4 元ベクトルをなすので，(23.9) と (23.10) とはまとまって
$$F^{\mu\nu}{}_{,\nu} = 4\pi J^\mu \tag{23.11}$$

となる．こうして，マクスウェル方程式は特殊相対論の要求する4次元形式 (23.8), (23.11) に直された．

一般相対論に移るには，方程式を共変形に直さなければならない．(21.5) があるので，(23.7) はただちに

$$F_{\mu\nu} = \kappa_{\mu:\nu} - \kappa_{\nu:\mu}$$

と書き下せる．これが場の量 $F_{\mu\nu}$ の共変的な定義である．さらに，(10.3) により

$$F_{\mu\nu:\sigma} = F_{\mu\nu,\sigma} - \Gamma^{\alpha}_{\mu\sigma} F_{\alpha\nu} - \Gamma^{\alpha}_{\nu\sigma} F_{\mu\alpha}$$

だから，添字 μ, ν, σ を巡回的にかえて得られる三つの表式を加えあわせるならば，

$$F_{\mu\nu:\sigma} + F_{\nu\sigma:\mu} + F_{\sigma\mu:\nu} = F_{\mu\nu,\sigma} + F_{\nu\sigma,\mu} + F_{\sigma\mu,\nu} = 0. \tag{23.12}$$

ここで (23.8) をもちいた．マクスウェルのこの方程式は難なく共変的の形に移せたわけである．

あとは (23.11) だけである．これは，そのままでは一般相対論に通用しない．共変的な方程式

$$F^{\mu\nu}{}_{:\nu} = 4\pi J^{\mu} \tag{23.13}$$

にかえなければならないのである．(21.3) は二つ添字の反対称テンソルにならどんなものにでもあてはまるので

$$(F^{\mu\nu}\sqrt{})_{,\nu} = 4\pi J^{\mu}\sqrt{}.$$

これから，$F^{\mu\nu}$ の反対称性により，ただちに

$$(J^{\mu}\sqrt{})_{,\mu} = (4\pi)^{-1}(F^{\mu\nu}\sqrt{})_{,\mu\nu} = 0$$

が得られる．これは (21.2) の形をしており，電荷の保存則をあたえる．電荷の保存則は，空間の曲がりによって破られることなく，正確になりたつのである．

24. 物質の存在による アインシュタイン方程式の変更

物質がないところでは，アインシュタイン方程式は
$$R^{\mu\nu} = 0 \tag{24.1}$$
である．これから
$$R = 0$$
がでるので
$$R^{\mu\nu} - \frac{1}{2}g^{\mu\nu}R = 0. \tag{24.2}$$
逆に，(24.2) から出発すれば，縮約によって
$$R - 2R = 0$$
が得られるから，(24.1) にもどることができる．(24.1)，(24.2) のどちらをからっぽの空間に対する基礎方程式にしてもよろしい．

物質が存在するところでは，これらの方程式は修正を要する．いま，かりに (24.1) が
$$R^{\mu\nu} = X^{\mu\nu} \tag{24.3}$$
にかわり，(24.2) が
$$R^{\mu\nu} - \frac{1}{2}g^{\mu\nu}R = Y^{\mu\nu} \tag{24.4}$$

にかわるとしてみよう. $X^{\mu\nu}$ と $Y^{\mu\nu}$ は物質の存在を示す二つ添字のテンソルである.

実際に使うのには (24.4) のほうが便利だろう. というのは, (14.3) というビアンキの関係式

$$\left(R^{\mu\nu} - \frac{1}{2}g^{\mu\nu}R\right)_{;\nu} = 0$$

があるからであって, そのために (24.4) は

$$Y^{\mu\nu}_{;\nu} = 0 \tag{24.5}$$

を要求することになる. 物質の存在がつくりだすテンソル $Y^{\mu\nu}$ は, それがどんなものであるにせよ, この条件をみたさなければならないのである. さもないと方程式系 (24.4) が矛盾を含むことになる.

方程式 (24.4) は, 係数 -8π をつけて

$$R^{\mu\nu} - \frac{1}{2}g^{\mu\nu}R = -8\pi Y^{\mu\nu} \tag{24.6}$$

と書いておくのがよい. この係数をつけておくと, テンソル $Y^{\mu\nu}$ は (非重力的な) エネルギーと運動量の密度ならびに流束と解釈される. $Y^{\mu 0}$ が密度で, $Y^{\mu r}$ が流束である.

空間が平らだったら (24.5) は

$$Y^{\mu\nu},_{\nu} = 0$$

となり, エネルギーと運動場の保存を表わすところだ. 曲がった空間では, エネルギーと運動量は近似的にしか保存しない. それは, 重力場が物質に作用し自身もエネルギーと運動量とをになうせいである.

25. 物質のエネルギー・運動量テンソル

ある物質分布があって，場所から場所へ速度が連続的に変わっているとしよう．物質の微小素片の座標を z^μ とすれば，その速度は $v^\mu = dz^\mu/ds$ で，これが場の量に似て x の連続関数であるというわけだ．速度は，さらに

$$g_{\mu\nu} v^\mu v^\nu = 1 \tag{25.1}$$

をみたすから，$g_{\mu\nu}$ が共変微分に関して定数なみであることにより

$$0 = (g_{\mu\nu} v^\mu v^\nu)_{:\sigma} = g_{\mu\nu}(v^\mu v^\nu_{:\sigma} + v^\mu_{:\sigma} v^\nu)$$
$$= 2 g_{\mu\nu} v^\mu v^\nu_{:\sigma}.$$

ゆえに

$$v_\nu v^\nu_{:\sigma} = 0. \tag{25.2}$$

ここでスカラー場 ρ を導入して，ベクトル場 ρv^μ が物質の密度と流束をきめるようにすることができる．これは，J^μ が電荷の密度と流束をきめたのと同様であって，詳しくいうと $\rho v^0 \sqrt{}$ が物質の密度に，$\rho v^m \sqrt{}$ が流束になる．物質の保存という条件は

$$(\rho v^\mu \sqrt{})_{,\mu} = 0,$$

あるいは，(21.1) により
$$(\rho v^\mu)_{;\mu} = 0. \tag{25.3}$$

いま考えている物質は，さらに，エネルギー密度 $\rho v^0 v^0 \sqrt{}$ とエネルギー流束 $\rho v^0 v^m \sqrt{}$ をもち，また運動量の密度 $\rho v^n v^0 \sqrt{}$ と運動量の流束 $\rho v^n v^m \sqrt{}$ をもつ．そこで
$$T^{\mu\nu} = \rho v^\mu v^\nu \tag{25.4}$$
とおこう．そうすれば，$T^{\mu\nu}\sqrt{}$ がエネルギーおよび運動量の密度と流束をあたえる．この $T^{\mu\nu}$ を物質のエネルギー・(運動量) テンソルとよぶ．これは，もちろん対称である．

この $T^{\mu\nu}$ を，アインシュタイン方程式 (24.6) の右辺におく物質項としてよいだろうか？ そうするためには，$T^{\mu\nu}{}_{;\nu} = 0$ をたしかめておかなければならない．定義 (25.4) から
$$T^{\mu\nu}{}_{;\nu} = (\rho v^\mu v^\nu)_{;\nu} = v^\mu (\rho v^\nu)_{;\nu} + \rho v^\nu v^\mu{}_{;\nu}$$
となるが，この右辺の第 1 項は質量保存の条件 (25.3) により消える．第 2 項は，各物質素片が測地線にそって運動するなら，ゼロである．なぜかといえば，v^μ は 1 本の世界線の上でだけ意味をもつというのではなくて，連続的な場の量として定義されているため
$$\frac{dv^\mu}{ds} = v^\mu{}_{,\nu} v^\nu$$
となり，(8.3) が
$$(v^\mu{}_{,\nu} + \Gamma^\mu_{\nu\sigma} v^\sigma) v^\nu = 0,$$
すなわち
$$v^\mu{}_{;\nu} v^\nu = 0 \tag{25.5}$$

をあたえるからである．

こうして，物質のエネルギー・テンソル (25.4) をアインシュタイン方程式 (24.4) に入れてよいことがわかった．ただし，適当な数係数 k をかけて次元をあわせておかねばならない：

$$R^{\mu\nu} - \frac{1}{2}g^{\mu\nu}R = k\rho v^\mu v^\nu. \qquad (25.6)$$

係数 k の値をきめよう．それには，第16節のやりかたでニュートン近似に移る．まず，(25.6) を縮約すると

$$-R = k\rho$$

となることに注意しよう．このため，(25.6) は

$$R^{\mu\nu} = k\rho\left(v^\mu v^\nu - \frac{1}{2}g^{\mu\nu}\right)$$

とも書ける．これは，弱い場の近似をすると，物質のない場合の (15.1) が (16.4) になったのと同様にして

$$\frac{1}{2}g^{\rho\sigma}(g_{\rho\sigma,\mu\nu} - g_{\nu\sigma,\mu\rho} - g_{\mu\rho,\nu\sigma} + g_{\mu\nu,\rho\sigma})$$
$$= k\rho\left(v_\mu v_\nu - \frac{1}{2}g_{\mu\nu}\right)$$

となる．ここで物質分布を静的として $v_0 = 1, v_m = 0$ とおき，静的な場をとろう．$\mu = \nu = 0$ として2次の微小量を省略すれば，

$$-\frac{1}{2}\nabla^2 g_{00} = \frac{1}{2}k\rho$$

を得る．(16.6) をもちいて書けば

$$\nabla^2 V = -\frac{1}{2}k\rho.$$

ポアッソン方程式にあわせるには，だから $k = -8\pi$ ととるべきである．

こうして物質分布が速度場をもつ場合のアインシュタイン方程式は

$$R^{\mu\nu} - \frac{1}{2}g^{\mu\nu}R = -8\pi\rho v^\mu v^\nu \qquad (25.7)$$

となる．(25.4) の $T^{\mu\nu}$ が，まさしく (24.6) の $Y^{\mu\nu}$ なのである．

質量保存の条件 (25.3) は

$$\rho_{:\mu}v^\mu + \rho v^\mu_{:\mu} = 0$$

をあたえる．したがって，(10.5) により

$$\frac{d\rho}{ds} = \frac{\partial \rho}{\partial x^\mu}v^\mu = -\rho v^\mu_{:\mu}. \qquad (25.8)$$

これは，ρ が世界線にそってどう変わるかをきめる条件である．一つの物質素片の世界線から別の物質素片の世界線に移るときには ρ は任意の変化をしてよいのであって，時空世界で柱状をなす一束の世界線の上を除いて $\rho = 0$ ということであってもよい．そういう世界線の束は，大きさ有限の物質粒子を表わすだろう．粒子の外では $\rho = 0$ で，からっぽの空間に対するアインシュタイン方程式がなりたつ．

一般の場の方程式 (25.7) を仮定すると，それから二つのことが導かれるのである．すなわち

(a) 質量の保存，

(b) 質量が測地線にそって動くこと.

これらを導くには (25.7) の (左辺)$_{:\nu}$ がビアンキの関係式 (14.3) によりゼロとなることに注意する. そこで,
$$(\rho v^\mu v^\nu)_{:\nu} = 0,$$
すなわち
$$v^\mu (\rho v^\nu)_{:\nu} + \rho v^\nu v^\mu_{:\nu} = 0. \qquad (25.9)$$
これに v_μ をかけると, 第2項は (25.2) によってゼロとなる. したがって $(\rho v^\nu)_{:\nu} = 0$ を得るが, これはまさに質量保存の方程式 (25.3) である. これで (25.9) は簡単に $v^\nu v^\mu_{:\nu} = 0$ となる. これは測地線の方程式 (8.3) にほかならない. だから, 粒子が測地線にそって動くことを別に仮定する必要はないのである. 粒子が小さければ, 粒子をかこむからっぽの空間にアインシュタイン方程式を適用することによっても, 粒子の運動が測地線上にかぎられることが導かれる.

26. 重力場に対する作用原理

ある 4 次元体積にわたる積分

$$I = \int R\sqrt{}\, d^4x \qquad (26.1)$$

なるスカラーを導入しよう．いま，$g_{\mu\nu}$ に微小な変分 $\delta g_{\mu\nu}$ をあたえ，ただし積分領域の境界上では $g_{\mu\nu}$ もその 1 階微分も変化させないものとする．そのような任意の変分 $\delta g_{\mu\nu}$ に対して I の変化 $\delta I = 0$ という要求をするとアインシュタインの真空方程式がでてくる．それをこれから証明しよう．

(14.4) から

$$R = g^{\mu\nu}R_{\mu\nu} = R^* - L.$$

ただし，

$$R^* = g^{\mu\nu}(\Gamma^{\sigma}_{\mu\sigma},_\nu - \Gamma^{\sigma}_{\mu\nu},_\sigma) \qquad (26.2)$$

であり，

$$L = g^{\mu\nu}(\Gamma^{\sigma}_{\mu\nu}\Gamma^{\rho}_{\sigma\rho} - \Gamma^{\rho}_{\mu\sigma}\Gamma^{\sigma}_{\nu\rho}) \qquad (26.3)$$

である．

R^* が $g_{\mu\nu}$ の 2 階微分を含むので，I もそれに依存する．しかし，それらは 1 次でしかはいっていないから，部分積分で除くことができる．すなわち

$$R^*\sqrt{} = (g^{\mu\nu}\Gamma^{\sigma}_{\mu\sigma}\sqrt{})_{,\nu} - (g^{\mu\nu}\Gamma^{\sigma}_{\mu\nu}\sqrt{})_{,\sigma} - (g^{\mu\nu}\sqrt{})_{,\nu}\Gamma^{\sigma}_{\mu\sigma}$$
$$+ (g^{\mu\nu}\sqrt{})_{,\sigma}\Gamma^{\sigma}_{\mu\nu} \qquad (26.4)$$

とすると, 最初の2項は全微分なので, それらの体積積分は表面積分に直され $g^{\mu\nu}$ を変分しても値を変えない. それで, 最後の2項だけを考えればよいことになるが, これらは (22.5) と (22.4) をもちいれば

$$g^{\nu\beta}\Gamma^{\mu}_{\beta\nu}\Gamma^{\sigma}_{\mu\sigma}\sqrt{} + (-2g^{\nu\beta}\Gamma^{\mu}_{\beta\sigma} + g^{\mu\nu}\Gamma^{\beta}_{\sigma\beta})\Gamma^{\sigma}_{\mu\nu}\sqrt{}$$

となって, (26.3) より $2L\sqrt{}$ に等しい. よって (26.1) は

$$I = \int L\sqrt{}\, d^4x \qquad (26.5)$$

と書け, $g_{\mu\nu}$ とその1階微分しか含まない形になった. その上, これは1階微分について斉次2次である.

さて, $\mathscr{L} = L\sqrt{}$ とおこう. これを——のちに定める適当な数係数をつけて——われわれは重力場の作用密度 (4次元的の) として採用する. これはスカラー密度ではない. しかし $g_{\mu\nu}$ の2階微分を含まないという点で, スカラー密度である $R\sqrt{}$ よりも扱いやすい.

力学では, ふつう, 作用というものはラグランジアンの時間積分である. そこで,

$$I = \int \mathscr{L} d^4x = \int dx^0 \int \mathscr{L} dx^1 dx^2 dx^3$$

と読めば, ラグランジアンは明らかに

$$\int \mathscr{L} dx^1 dx^2 dx^3$$

となる．$\mathscr{L}$ はラグランジアン密度（3 次元的の）ということである．$g_{\mu\nu}$ は力学の座標，その時間微分は速度というふうに見てよい．ラグランジアンは速度について（非斉次）2 次であって，この点ふつうの力学と異ならない．

そこで $\mathscr{L}$ の変分である．(20.6) をもちいると

$$\delta(\Gamma^{\alpha}_{\mu\nu}\Gamma^{\beta}_{\alpha\beta}g^{\mu\nu}\sqrt{\ }) = \Gamma^{\alpha}_{\mu\nu}\delta(\Gamma^{\beta}_{\alpha\beta}g^{\mu\nu}\sqrt{\ }) + \Gamma^{\beta}_{\alpha\beta}g^{\mu\nu}\sqrt{\ }\delta\Gamma^{\alpha}_{\mu\nu}$$
$$= \Gamma^{\alpha}_{\mu\nu}\delta(g^{\mu\nu}\sqrt{\ },_{\alpha}) + \Gamma^{\beta}_{\alpha\beta}\delta(\Gamma^{\alpha}_{\mu\nu}g^{\mu\nu}\sqrt{\ })$$
$$\qquad - \Gamma^{\beta}_{\alpha\beta}\Gamma^{\alpha}_{\mu\nu}\delta(g^{\mu\nu}\sqrt{\ })$$
$$= \Gamma^{\alpha}_{\mu\nu}\delta(g^{\mu\nu}\sqrt{\ },_{\alpha}) - \Gamma^{\beta}_{\alpha\beta}\delta(g^{\alpha\nu}\sqrt{\ }),_{\nu}$$
$$\qquad - \Gamma^{\beta}_{\alpha\beta}\Gamma^{\alpha}_{\mu\nu}\delta(g^{\mu\nu}\sqrt{\ }). \qquad (26.6)$$

ただし，最後の行に移るのに (22.5) をもちいた．また

$$\delta(\Gamma^{\beta}_{\mu\alpha}\Gamma^{\alpha}_{\nu\beta}g^{\mu\nu}\sqrt{\ }) = 2(\delta\Gamma^{\beta}_{\mu\alpha})\Gamma^{\alpha}_{\nu\beta}g^{\mu\nu}\sqrt{\ } + \Gamma^{\beta}_{\mu\alpha}\Gamma^{\alpha}_{\nu\beta}\delta(g^{\mu\nu}\sqrt{\ })$$
$$= 2\delta(\Gamma^{\beta}_{\mu\alpha}g^{\mu\nu}\sqrt{\ })\Gamma^{\alpha}_{\nu\beta} - \Gamma^{\beta}_{\mu\alpha}\Gamma^{\alpha}_{\nu\beta}\delta(g^{\mu\nu}\sqrt{\ })$$
$$= -\delta(g^{\nu\beta},_{\alpha}\sqrt{\ })\Gamma^{\alpha}_{\nu\beta} - \Gamma^{\beta}_{\mu\alpha}\Gamma^{\alpha}_{\nu\beta}\delta(g^{\mu\nu}\sqrt{\ }).$$
$$\qquad\qquad\qquad\qquad (26.7)$$

ここでも，最後の行に移るのに (22.3) と $\Gamma^{\alpha}_{\nu\beta}$ が下つき添字について対称なこととをもちいた．(26.6) から (26.7) を引いて

$$\delta\mathscr{L} = \Gamma^{\alpha}_{\mu\nu}\delta(g^{\mu\nu}\sqrt{\ }),_{\alpha} - \Gamma^{\beta}_{\alpha\beta}\delta(g^{\alpha\nu}\sqrt{\ }),_{\nu}$$
$$\qquad + (\Gamma^{\beta}_{\mu\alpha}\Gamma^{\alpha}_{\nu\beta} - \Gamma^{\beta}_{\alpha\beta}\Gamma^{\alpha}_{\mu\nu})\delta(g^{\mu\nu}\sqrt{\ }). \qquad (26.8)$$

ところが，この最初の 2 項は

$$-\Gamma^{\alpha}_{\mu\nu},_{\alpha}\delta(g^{\mu\nu}\sqrt{\ }) + \Gamma^{\beta}_{\mu\beta},_{\nu}\delta(g^{\mu\nu}\sqrt{\ })$$

と全微分の差しかない．そうと気づけば，(14.4) の $R_{\mu\nu}$ でもって

$$\delta I = \delta \int \mathscr{L} d^4x = \int R_{\mu\nu} \delta(g^{\mu\nu}\sqrt{\,}) d^4x \qquad (26.9)$$

と書けることがわかる．$\delta g^{\mu\nu}$ は任意としたので $\delta(g^{\mu\nu}\sqrt{\,})$ のそれぞれが独立かつ任意．したがって，(26.9) がつねにゼロという条件から (24.1) の形のアインシュタインの法則がでる．

ところで，(7.9) をだしたのと同じ方法で

$$\delta g^{\mu\nu} = -g^{\mu\alpha}g^{\nu\beta}\delta g_{\alpha\beta} \qquad (26.10)$$

が導ける．そして，(20.5) に対応して

$$\delta\sqrt{\,} = \frac{1}{2}\sqrt{\,}g^{\alpha\beta}\delta g_{\alpha\beta} \qquad (26.11)$$

がでるから，

$$\delta(g^{\mu\nu}\sqrt{\,}) = -(g^{\mu\alpha}g^{\nu\beta} - \frac{1}{2}g^{\mu\nu}g^{\alpha\beta})\sqrt{\,}\delta g_{\alpha\beta}$$

となり，(26.9) は，また

$$\delta I = -\int R_{\mu\nu}\left(g^{\mu\alpha}g^{\nu\beta} - \frac{1}{2}g^{\mu\nu}g^{\alpha\beta}\right)\sqrt{\,}\delta g_{\alpha\beta}d^4x$$

$$= -\int\left(R^{\alpha\beta} - \frac{1}{2}g^{\alpha\beta}R\right)\sqrt{\,}\delta g_{\alpha\beta}d^4x \qquad (26.12)$$

とも書ける．(26.12) がつねにゼロという要請は (24.2) の形のアインシュタインの法則をあたえるのである．

27．物質が連続的に分布している場合の作用

　ここでは，物質の連続的な分布を考え，その速度が場所から場所へ連続的に変わっているとする．同じ状況を第 25 節でも考えた．

　そのような物質が重力場と相互作用する場合の変分原理を
$$\delta(I_g + I_m) = 0 \tag{27.1}$$
という形に打ち立てたい．ここに，作用の重力部分 I_g は前節の I にある数係数 κ をかけたものとし，物質部分 I_m はこれからきめる．われわれは，条件（27.1）が重力場に対しては物質が存在する場合のアインシュタイン方程式（25.7）をあたえ，物質に対しては運動の測地線方程式をあたえるようにしたいのである．

　われわれは，物質素片の位置に任意の変分をあたえ，それによって I_m がどう変わるか見る必要がある．おそらく，計量 $g_{\mu\nu}$ には手をふれずに純粋に運動学的に変分を考えることからはじめるのが，わかりやすかろう．そうすると，共変ベクトルと反変ベクトルはまったくの別物となり，相互の変換はできなくなる．速度は反変ベクトル u^μ の成分の比として記述するほかなく，計量をもちこまないことに

は規格化できない．

物質の流れは連続的としたから，その各点に速度ベクトル u^μ がある（ただし規格化因子は未知）．そこで，u^μ の方向にあって流量と流速をきめる反変ベクトル p^μ を設定することができる．すなわち，
$$p^0 dx^1 dx^2 dx^3$$
が，ある時刻に体積素片 $dx^1 dx^2 dx^3$ のなかにある物質の量を表わし，
$$p^1 dx^0 dx^2 dx^3$$
が時間 dx^0 のあいだに面積素片 $dx^2 dx^3$ を通過して流れる物質の量を表わすようにするのである．物質は保存されると仮定するので
$$p^\mu{}_{,\mu} = 0. \tag{27.2}$$

さて，物質素片のおのおのが z^μ から $z^\mu + b^\mu$ へ微小な b^μ だけずらされたとしよう．その結果，各点 x の p^μ はどう変わるであろうか？

最初，$b^0 = 0$ としてみる．ある3次元体積 V に含まれる物質量の増加は V の境界を通過してずれでた量の符号を変えれば得られる．つまり
$$\delta \int_V p^0 dx^1 dx^2 dx^3 = -\int p^0 b^r dS_r.$$
ここに dS_r は V の境界の面積素片であり，r については1から3まで和をとる．この右辺を，ガウスの定理によって体積積分に直せば
$$\delta p^0 = -(p^0 b^r)_{,r} \tag{27.3}$$

がわかる．

この結果を $b^0 \neq 0$ の場合にまで一般化しよう．それには，もし b^μ が p^μ に比例していたら物質素片はそれぞれの世界線にそってずれるだけであり，したがって p^μ は変わらない，という条件を利用する．すると，(27.3) の一般化は，明らかに

$$\delta p^0 = (p^r b^0 - p^0 b^r)_{,r}$$

となる．というのは，これは $b^0 = 0$ のとき (27.3) に一致し，他方 b^μ が p^μ に比例しているとき $\delta p^0 = 0$ をあたえるからである．他の成分についても同様の式があるはずであって，一般式は

$$\delta p^\mu = (p^\nu b^\mu - p^\mu b^\nu)_{,\nu}. \tag{27.4}$$

物質の連続な流れに関しては p^μ が基本の変数で，作用の関数もこれで書くべきである．その変分は (27.4) のように行なわれるべきもので，適当に部分積分をしてから b^μ の係数をゼロとおくことになる．そうすることによって物質の運動方程式が得られるであろう．

質量 m の質点がただひとつ孤立して存在する場合なら，作用は，第9節で見たところにより

$$-m \int ds \tag{27.5}$$

であたえられる．係数 $-m$ が必要なことは，特殊相対論の場合を考えてみればわかる．そこではラグランジアンは (27.5) の時間微分

$$L = -m\frac{ds}{dx^0} = -m\left(1 - \frac{dx^r}{dx^0}\frac{dx^r}{dx^0}\right)^{\frac{1}{2}}$$

であった．r については 1 から 3 まで和をとる．これから運動量を求めると

$$\frac{\partial L}{\partial(dx^r/dx^0)} = m\frac{dx^r}{dx^0}\left(1 - \frac{dx^n}{dx^0}\frac{dx^n}{dx^0}\right)^{-\frac{1}{2}}$$
$$= m\frac{dx^r}{ds}$$

となって，係数 $-m$ のおかげで正しい答がでるのである．

物質が連続的に分布している場合の作用は，(27.5) の m を $p^0 dx^1 dx^2 dx^3$ でおきかえて積分すれば得られる．すなわち

$$I_m = -\int p^0 dx^1 dx^2 dx^3 ds. \tag{27.6}$$

もっとわかりやすい形に直すには，計量をもちだして

$$p^\mu = \rho v^\mu \sqrt{} \tag{27.7}$$

とおく．ρ は密度をきめるスカラーであり，v^μ はさきの u^μ を長さ 1 に規格化したものである．こうすると

$$I_m = -\int \rho v^0 \sqrt{}\, dx^1 dx^2 dx^3 ds$$
$$= -\int \rho \sqrt{}\, d^4x \tag{27.8}$$

となる．$v^0 ds = dx^0$ だからだ．

作用のこの形は，ρ と v^μ が独立でないため変分には適しない．だから，それらを p^μ で表わし，p^μ を (27.4) にしたがって変分するようにしよう．(27.7) から

27. 物質が連続的に分布している場合の作用

となるので，(27.8) は

$$(p^\mu p_\mu)^{1/2} = \rho \sqrt{}$$

$$I_m = -\int (p^\mu p_\mu)^{\frac{1}{2}} d^4 x. \tag{27.9}$$

この変分をとるには，

$$\delta(p^\mu p_\mu)^{\frac{1}{2}} = \frac{1}{2}(p^\lambda p_\lambda)^{-\frac{1}{2}} (p^\mu p^\nu \delta g_{\mu\nu} + 2 p_\mu \delta p^\mu)$$
$$= \frac{1}{2} \rho v^\mu v^\nu \sqrt{} \delta g_{\mu\nu} + v_\mu \delta p^\mu$$

をもちいる．

上の結果を (26.12) の κ 倍とあわせると (27.1) の左辺は，

$$\delta(I_g + I_m) = -\int \left[\kappa \left(R^{\mu\nu} - \frac{1}{2} g^{\mu\nu} R \right) + \frac{1}{2} \rho v^\mu v^\nu \right]$$
$$\times \sqrt{} \delta g_{\mu\nu} d^4 x - \int v_\mu \delta p^\mu d^4 x \tag{27.10}$$

となる．変分原理にしたがい $\delta g_{\mu\nu}$ の係数をゼロとおけば，アインシュタインの方程式 (25.7) がでる．ただし $\kappa = (16\pi)^{-1}$ として——．他方，δp^μ の項は，(27.4) によって

$$-\int v_\mu (p^\nu b^\mu - p^\mu b^\nu)_{,\nu} d^4 x$$
$$= \int v_{\mu,\nu}(p^\nu b^\mu - p^\mu b^\nu) d^4 x$$
$$= \int (v_{\mu,\nu} - v_{\nu,\mu}) p^\nu b^\mu d^4 x$$
$$= \int (v_{\mu:\nu} - v_{\nu:\mu}) \rho v^\nu b^\mu \sqrt{}\, d^4 x$$
$$= \int v_{\mu:\nu} \rho v^\nu b^\mu \sqrt{}\, d^4 x \tag{27.11}$$

と変形しよう．最後の行に移るところで $g_{\mu\nu}v^\mu v^\nu = 1$ から
でる（25.2）をもちいた．変分原理にしたがい b^μ の係数
をゼロとおけば，測地線の方程式（25.5）がでる．

28. 電磁場の場合の作用

電磁場の作用密度は，ふつう
$$(8\pi)^{-1}(\boldsymbol{E}^2 - \boldsymbol{H}^2)$$
と書かれる．これを第 23 節で説明した特殊相対論の 4 次元記法で書けば，
$$-(16\pi)^{-1} F_{\mu\nu} F^{\mu\nu}$$
となる．一般相対論における作用は，そこで
$$I_{em} = -(16\pi)^{-1} \int F_{\mu\nu} F^{\mu\nu} \sqrt{}\, d^4 x \tag{28.1}$$
とすべきであろう．$F_{\mu\nu}$ は $\kappa_{\mu,\nu} - \kappa_{\nu,\mu}$ だから，I_{em} は $g_{\mu\nu}$ と電磁ポテンシャル κ_σ の微分との汎関数である．

まずはじめに，κ_σ は一定にしておいて $g_{\mu\nu}$ を変分しよう．このとき $F_{\mu\nu}$ は変わらないが $F^{\mu\nu}$ は変わる．そして
$$\begin{aligned}
\delta(F_{\mu\nu} F^{\mu\nu} \sqrt{}) &= F_{\mu\nu} F^{\mu\nu} \delta\sqrt{} + F_{\mu\nu} F_{\alpha\beta} \sqrt{}\, \delta(g^{\mu\alpha} g^{\nu\beta}) \\
&= \frac{1}{2} F_{\mu\nu} F^{\mu\nu} g^{\rho\sigma} \sqrt{}\, \delta g_{\rho\sigma} \\
&\quad - 2 F_{\mu\nu} F_{\alpha\beta} \sqrt{}\, g^{\mu\rho} g^{\alpha\sigma} g^{\nu\beta} \delta g_{\rho\sigma}.
\end{aligned}$$
ここで (26.10) と (26.11) をもちいた．よって

$$\delta(F_{\mu\nu}F^{\mu\nu}\sqrt{}) = \left(\frac{1}{2}F_{\mu\nu}F^{\mu\nu}g^{\rho\sigma} - 2F^{\rho}{}_{\nu}F^{\sigma\nu}\right)\sqrt{}\,\delta g_{\rho\sigma}$$
$$= 8\pi E^{\rho\sigma}\sqrt{}\,\delta g_{\rho\sigma}. \tag{28.2}$$

ただし，$E^{\rho\sigma}$ は電磁場の応力エネルギー・テンソルであって，これは

$$4\pi E^{\rho\sigma} = -F^{\rho}{}_{\nu}F^{\sigma\nu} + \frac{1}{4}g^{\rho\sigma}F_{\mu\nu}F^{\mu\nu} \tag{28.3}$$

で定義される対称テンソルである．特殊相対論では，

$$4\pi E^{00} = \boldsymbol{E}^2 - \frac{1}{2}(\boldsymbol{E}^2 - \boldsymbol{H}^2)$$
$$= \frac{1}{2}(\boldsymbol{E}^2 + \boldsymbol{H}^2)$$

であったから，E^{00} はエネルギー密度であり，

$$4\pi E^{01} = -F^0{}_2 F^{12} - F^0{}_3 F^{13}$$
$$= E^2 H^3 - E^3 H^2$$

であったから，E^{0n} はポインティング・ベクトルであって，エネルギーの流れをあたえる．

つぎに，$g_{\alpha\beta}$ を固定しておき κ_μ で変分すると

$$\delta(F_{\mu\nu}F^{\mu\nu}\sqrt{}) = 2F^{\mu\nu}\sqrt{}\,\delta F_{\mu\nu} = 4F^{\mu\nu}\sqrt{}\,\delta\kappa_{\mu,\nu}$$
$$= 4(F^{\mu\nu}\sqrt{}\,\delta\kappa_\mu)_{,\nu} - 4(F^{\mu\nu}\sqrt{})_{,\nu}\delta\kappa_\mu$$
$$= 4(F^{\mu\nu}\sqrt{}\,\delta\kappa_\mu)_{,\nu} - 4F^{\mu\nu}{}_{;\nu}\sqrt{}\,\delta\kappa_\mu. \tag{28.4}$$

最後の行に移るのに (21.3) をもちいた．

(28.2) と (28.4) を加えて -16π で割ってやれば，変

分の全体が得られる：
$$\delta I_{em} = \int \left[-\frac{1}{2} E^{\mu\nu} \delta g_{\mu\nu} + \frac{1}{4\pi} F^{\mu\nu}{}_{;\nu} \delta\,\kappa_\mu \right] \sqrt{}\, d^4 x. \tag{28.5}$$

29. 電荷をもつ物質の場合

前節で考えたのは，電荷が存在しない場合の電磁場であった．もし電荷があると，作用には余分の項が加わることになる．その余分の項は，電荷 e をもつ粒子が 1 個あるという場合なら，その粒子の世界線にそっての積分

$$-e\int \kappa_\mu dx^\mu = -e\int \kappa_\mu v^\mu ds \qquad (29.1)$$

であたえられる．

しかし，このように電荷をになうものが点状の粒子だとすると，電場に特異点が生ずるため，いろいろ困ったことがおこる．困難を避けるには，電荷をになう物質が連続的に分布しているとすればよい．これから，第 27 節の方法で，ただし物質素片がおのおの電荷になっているものとして考えてみることにしよう．

運動学的な考察をしたときは，反変ベクトル密度 p^μ があって，物質の密度と流れを表わすとした．こんどは，それに加えて，電荷の密度と流れを表わすような反変ベクトル密度 $\mathscr{J}^\mu$ を導入しなければならない．これら二つのベクトルは同じ方向をむく．物質素片を b^μ だけずらすと，(27.4)

に対応して
$$\delta \mathscr{J}^\mu = (\mathscr{J}^\nu b^\mu - \mathscr{J}^\mu b^\nu)_{,\nu} \qquad (29.2)$$
という変化がおこる．

荷電粒子に対する作用の表式（29.1）は，荷電物質が連続的に分布しているいまの場合，(27.6) に対応して
$$I_q = -\int \mathscr{J}^0 \kappa_\mu v^\mu dx^1 dx^2 dx^3 ds$$
となる．

計量を導入すれば，(27.7) に対応して
$$\mathscr{J}^\mu = \sigma v^\mu \sqrt{} \qquad (29.3)$$
とおくことになる．σ は電荷密度をきめるスカラーである．そこで，作用は，(27.8) に対応して
$$\begin{aligned}I_q &= -\int \sigma \kappa_\mu v^\mu \sqrt{}\, d^4x \\ &= -\int \kappa_\mu \mathscr{J}^\mu d^4x \qquad (29.4)\end{aligned}$$
となる．したがって，
$$\begin{aligned}\delta I_q &= -\int [\mathscr{J}^\mu \delta \kappa_\mu + \kappa_\mu (\mathscr{J}^\nu b^\mu - \mathscr{J}^\mu b^\nu)_{,\nu}] d^4x \\ &= \int [-\sigma v^\mu \sqrt{}\, \delta \kappa_\mu + \kappa_{\mu,\nu}(\mathscr{J}^\nu b^\mu - \mathscr{J}^\mu b^\nu)] d^4x \\ &= \int \sigma [-v^\mu \delta \kappa_\mu + F_{\mu\nu} v^\nu b^\mu] \sqrt{}\, d^4x. \qquad (29.5)\end{aligned}$$

荷電物質の重力場，電磁場との相互作用に関する方程式は，一般的な変分原理
$$\delta(I_g + I_m + I_{em} + I_q) = 0 \qquad (29.6)$$
から，すべてでてくる．われわれは，(29.5), (28.5) およ

び（27.10）——ただし最後の項を（27.11）でおきかえる——の和をとり，各変分 $\delta g_{\mu\nu}$, $\delta \kappa_\mu$, b^μ について係数の総和をそれぞれゼロとおくのである．

$\sqrt{\,}\,\delta g_{\mu\nu}$ の係数は，-16π をかけて書けば

$$R^{\mu\nu} - \frac{1}{2}g^{\mu\nu}R + 8\pi\rho v^\mu v^\nu + 8\pi E^{\mu\nu} = 0 \qquad (29.7)$$

となる．これはアインシュタイン方程式（24.6）である．ただし，そこでの $Y^{\mu\nu}$ が，ここでは物質のエネルギー・テンソルからくる項と電磁場の応力エネルギー・テンソルからくる項という二つの部分の和になっている．

$\sqrt{\,}\,\delta\kappa_\mu$ の係数は，

$$-\sigma v^\mu + (4\pi)^{-1} F^{\mu\nu}{}_{:\nu} = 0.$$

ところが，（29.3）によれば σv^μ は電流ベクトル J^μ なので

$$F^{\mu\nu}{}_{:\nu} = 4\pi J^\mu. \qquad (29.8)$$

これは，電荷のある場合のマクスウェル方程式（23.13）にほかならない．

最後に，$\sqrt{\,}\,b^\mu$ の係数が

$$\rho v_{\mu:\nu} v^\nu + \sigma F_{\mu\nu} v^\nu = 0$$

をあたえる．書きかえて

$$\rho v_{\mu:\nu} v^\nu + F_{\mu\nu} J^\nu = 0 \qquad (29.9)$$

とすれば，第2項はローレンツ力であって，これが物質素片の軌跡を測地線からそらすことがわかる．

じつは，（29.9）は（29.7）と（29.8）からもでてくるのである．（29.7）の共変ダイヴァージェンスをとり，ビ

アンキの関係式 (14.3) をもちいれば
$$(\rho v^\mu v^\nu + E^{\mu\nu})_{:\nu} = 0 \qquad (29.10)$$
を得るが，(28.3) によると

$$4\pi E^{\mu\nu}{}_{:\nu}$$
$$= -F^{\mu\alpha} F^\nu{}_{\alpha:\nu} - F^{\mu\alpha}{}_{:\nu} F^\nu{}_\alpha + \frac{1}{2} g^{\mu\nu} F^{\alpha\beta} F_{\alpha\beta:\nu}$$
$$= -F^{\mu\alpha} F^\nu{}_{\alpha:\nu} - \frac{1}{2} g^{\mu\rho} F^{\nu\sigma} (F_{\rho\sigma:\nu} - F_{\rho\nu:\sigma} - F_{\nu\sigma:\rho})$$
$$= 4\pi F^{\mu\alpha} J_\alpha$$

がなりたつ．ここで，最後の行に移るのに (23.12) と (29.8) をもちいた．よって，(29.10) は
$$v^\mu (\rho v^\nu)_{:\nu} + \rho v^\nu v^\mu{}_{:\nu} + F^{\mu\alpha} J_\alpha = 0. \qquad (29.11)$$
これに v_μ をかけて (25.2) をもちいれば，J_α と v_α が同じ方向をむくという条件 $J_\alpha = \sigma v_\alpha$ があったから，
$$(\rho v^\nu)_{:\nu} = -F^{\mu\alpha} v_\mu J_\alpha = 0.$$
こうして (29.11) の第 1 項は消え，残りが (29.9) をあたえる．

このことは，作用原理 (29.6) からでる方程式が全部は独立でないということを意味している．これには一般的な理由がある．それをつぎの節で説明しよう．

30. 一般的な作用原理

　前節の方法は，任意の場が任意の数だけあって重力場と相互作用し，おたがいどうしも相互作用しているという場合にもあてはまるように拡張することができる．一般的な作用原理

$$\delta(I_g + I') = 0 \qquad (30.1)$$

がたてられるわけである．ここに，I_g は前に考えた重力場の作用であり，I' は他のすべての場の作用を表わすもので，それぞれの場に対する項の和になる．相互作用している任意の場に対して，正しい運動方程式がまったく容易に導かれるのだから，作用原理はありがたい．問題にする場のそれぞれに対して作用を書き下し，ぜんぶ加えあわせて (30.1) に入れさえすればよいのである．

　まず，第 26 節の $\mathscr{L}$ を $(16\pi)^{-1}$ 倍したものをあらためて $\mathscr{L}$ と書けば

$$I_g = \int \mathscr{L} d^4 x$$

であって，

$$\delta I_g = \int \left(\frac{\partial \mathscr{L}}{\partial g_{\alpha\beta}} \delta g_{\alpha\beta} + \frac{\partial \mathscr{L}}{\partial g_{\alpha\beta,\,\nu}} \delta g_{\alpha\beta,\,\nu} \right) d^4x$$
$$= \int \left[\frac{\partial \mathscr{L}}{\partial g_{\alpha\beta}} - \left(\frac{\partial \mathscr{L}}{\partial g_{\alpha\beta,\,\nu}} \right)_{,\,\nu} \right] \delta g_{\alpha\beta} d^4x.$$

その第 26 節で（26.12）をだしてあるから

$$\frac{\partial \mathscr{L}}{\partial g_{\alpha\beta}} - \left(\frac{\partial \mathscr{L}}{\partial g_{\alpha\beta,\,\nu}} \right)_{,\,\nu} = -(16\pi)^{-1} \left(R^{\alpha\beta} - \frac{1}{2} g^{\alpha\beta} R \right) \sqrt{} \quad (30.2)$$

となることがわかる．

つぎに，他の場を $\phi_n (n = 1, 2, 3, \cdots)$ で表わそう．それぞれはテンソルの成分であると仮定するが，どういうテンソルかは特定しないでおく．I' はスカラー密度の積分

$$I' = \int \mathscr{L}' d^4x$$

という形になるはずである．$\mathscr{L}'$ は ϕ_n とそれらの 1 階微分 $\phi_{n,\,\mu}$，そして場合によってはもっと高階の微分をも含む関数である．

作用の変分は，そこで

$$\delta(I_g + I') = \int \left(p^{\mu\nu} \delta g_{\mu\nu} + \sum_n \chi^n \delta \phi_n \right) \sqrt{} d^4x, \quad (30.3)$$

ただし $p^{\mu\nu} = p^{\nu\mu}$，という形になる．δ（場の量の微分）がはいるどんな項も，部分積分により，（30.3）に含められる形に変形できるからである．そこで，変分原理（30.1）は，場の方程式

$$p^{\mu\nu} = 0, \qquad (30.4)$$

$$\chi^n = 0 \qquad (30.5)$$

をあたえる. $p^{\mu\nu}$ は，I_g からくる（30.2）という項と，$\mathscr{L}'$ からくる項の和である．後者を $N^{\mu\nu}$ とよべば，もちろん $N^{\mu\nu} = N^{\nu\mu}$ であり，ふつう $\mathscr{L}'$ は $g_{\mu\nu}$ の微分を含まないから

$$N^{\mu\nu} = \frac{\partial \mathscr{L}'}{\partial g_{\mu\nu}}. \qquad (30.6)$$

こうして，方程式（30.4）は

$$R^{\mu\nu} - \frac{1}{2} g^{\mu\nu} R - 16\pi N^{\mu\nu} = 0$$

となる．これは，アインシュタイン方程式（24.6）で

$$Y^{\mu\nu} = -2N^{\mu\nu} \qquad (30.7)$$

としたものにほかならない．つまり，それぞれの場が，自分の作用に $g_{\mu\nu}$ がはいる仕方に応じて，（30.6）にしたがってアインシュタイン方程式の右辺に1項を寄与するというわけである．

恒等式（14.3）があるので，整合性のため $N^{\mu\nu}{}_{;\nu} = 0$ でなければならない．この性質は，I' が領域の表面を変えないような座標変換のもとでは不変だという条件から，まったく一般的に得られるものである．それを見るために，微小量 b^μ を x の関数として座標に微小変化をあたえ $x^{\mu'} = x^\mu + b^\mu$ としたとき，I' がどれだけ変わるかを，b^μ の1次まで計算しよう．$g_{\mu\nu}$ の変換規則は（3.7）にあたえ

られており，ダッシュつきの添字で変換後のテンソルを表わせば

$$g_{\mu\nu}(x) = x^{\alpha'}_{;\mu} x^{\beta'}_{;\nu} g_{\alpha'\beta'}(x'). \tag{30.8}$$

$g_{\alpha\beta}$ の 1 次の変化を $\delta g_{\alpha\beta}$ とし，ただし，これは場におけるきまった点での変化というのではなく，座標が同じ値をとる点での変化としておくなら，

$$\begin{aligned} g_{\alpha'\beta'}(x') &= g_{\alpha\beta}(x') + \delta g_{\alpha\beta} \\ &= g_{\alpha\beta}(x) + g_{\alpha\beta,\sigma} b^\sigma + \delta g_{\alpha\beta}. \end{aligned}$$

ところが

$$x^{\alpha'}_{;\mu} = (x^\alpha + b^\alpha)_{,\mu} = g^\alpha_\mu + b^\alpha_{;\mu}$$

であるから，(30.8) は

$$g_{\mu\nu}(x)$$
$$= (g^\alpha_\mu + b^\alpha_{;\mu})(g^\beta_\nu + b^\beta_{;\nu})[g_{\alpha\beta}(x) + g_{\alpha\beta,\sigma} b^\sigma + \delta g_{\alpha\beta}]$$
$$= g_{\mu\nu}(x) + g_{\mu\nu,\sigma} b^\sigma + \delta g_{\mu\nu} + g_{\mu\beta} b^\beta_{;\nu} + g_{\alpha\nu} b^\alpha_{;\mu}$$

となる．したがって

$$\delta g_{\mu\nu} = -g_{\mu\alpha} b^\alpha_{;\nu} - g_{\nu\alpha} b^\alpha_{;\mu} - g_{\mu\nu,\sigma} b^\sigma.$$

そこで，I' の変化を計算しよう．ただし，$g_{\mu\nu}$ は上のように変化し，他の場は，座標が x^μ の位置でもっていた値をそのまま座標 $x^{\mu'}$ の位置でとるものとする．(30.6) の $N^{\mu\nu}$ を使えば，

$$\begin{aligned} \delta I' &= \int N^{\mu\nu} \delta g_{\mu\nu} \sqrt{}\, d^4 x \\ &= \int N^{\mu\nu} (-g_{\mu\alpha} b^\alpha_{;\nu} - g_{\nu\alpha} b^\alpha_{;\mu} - g_{\mu\nu,\sigma} b^\sigma) \sqrt{}\, d^4 x \end{aligned}$$

$$= \int [2(N_\alpha{}^\nu \sqrt{}),_\nu - g_{\mu\nu},_\alpha N^{\mu\nu}\sqrt{}]b^\alpha d^4x$$
$$= 2\int N_\alpha{}^\nu{}_{;\nu} b^\alpha \sqrt{}\, d^4x.$$

最後の行に移るのに (21.4) の示す定理をもちいた.この定理は,任意の対称な二つ添字のテンソルに対してなりたつのである.I' の不変性は,すなわち任意の b^α により上のような変分をとったとき変わらないということだから,$N_\alpha{}^\nu{}_{;\nu} = 0$ がいえる.

この関係式があるので,(30.4),(30.5) という場の方程式がすべて独立とはいかないのである.

31. 重力場のエネルギー擬テンソル

$t_\mu{}^\nu$ という量を

$$t_\mu{}^\nu \sqrt{} = \frac{\partial \mathscr{L}}{\partial g_{\alpha\beta,\nu}} g_{\alpha\beta,\mu} - g_\mu^\nu \mathscr{L} \tag{31.1}$$

によって定義しよう. そうすると

$$(t_\mu{}^\nu \sqrt{})_{,\nu}$$
$$= \left(\frac{\partial \mathscr{L}}{\partial g_{\alpha\beta,\nu}}\right)_{,\nu} g_{\alpha\beta,\mu} + \frac{\partial \mathscr{L}}{\partial g_{\alpha\beta,\nu}} g_{\alpha\beta,\mu\nu} - \mathscr{L}_{,\mu}.$$

ところが

$$\mathscr{L}_{,\mu} = \frac{\partial \mathscr{L}}{\partial g_{\alpha\beta}} g_{\alpha\beta,\mu} + \frac{\partial \mathscr{L}}{\partial g_{\alpha\beta,\nu}} g_{\alpha\beta,\nu\mu}$$

なので,

$$(t_\mu{}^\nu \sqrt{})_{,\nu} = \left[\left(\frac{\partial \mathscr{L}}{\partial g_{\alpha\beta,\nu}}\right)_{,\nu} - \frac{\partial \mathscr{L}}{\partial g_{\alpha\beta}}\right] g_{\alpha\beta,\mu}$$
$$= (16\pi)^{-1} \left(R^{\alpha\beta} - \frac{1}{2} g^{\alpha\beta} R\right) g_{\alpha\beta,\mu} \sqrt{}\,.$$

ここで (30.2) をもちいた. 場の方程式 (24.6) により右辺を書きかえれば

$$(t_\mu{}^\nu \sqrt{})_{,\nu} = -\frac{1}{2} Y^{\alpha\beta} g_{\alpha\beta,\mu} \sqrt{} \ .$$

したがって，(21.4) と $Y_\mu{}^\nu{}_{;\nu} = 0$ から

$$[(t_\mu{}^\nu + Y_\mu{}^\nu)\sqrt{}]_{,\nu} = 0 \tag{31.2}$$

が得られる．

(31.2) は保存則である．この保存則をみたす密度 $(t_\mu{}^\nu + Y_\mu{}^\nu)\sqrt{}$ は，エネルギーと運動量の密度と考えるのが自然である．$Y_\mu{}^\nu$ が重力場以外の場のエネルギーと運動量であることは，すでに知っているので，$t_\mu{}^\nu$ のほうは重力場のエネルギーと運動量を表わすことになる．しかし，これはテンソルではない．その定義 (31.1) は，

$$t_\mu{}^\nu = \frac{\partial L}{\partial g_{\alpha\beta,\nu}} g_{\alpha\beta,\mu} - g_\mu^\nu L \tag{31.3}$$

とも書けるが，しかし，第26節で注意したように L はスカラーではない．もともと重力場の作用はスカラー R で書かれていたのを，2階微分をなくすために，L に書きかえたのだった．このため，$t_\mu{}^\nu$ はテンソルではありえず，擬テンソルとよばれる．

重力場のエネルギーの表式として，つぎの条件を両方ともみたすものはつくれない：

（ｉ） 他の形のエネルギーに加えたとき全エネルギーが保存する．
（ii） ある時刻に，きまった（3次元の）領域のなかにあるエネルギーが座標系のとりかたによらない．

つまり，一般的にいって重力場のエネルギーは局所化で

きないのである．条件（ⅰ）はみたすが（ⅱ）はみたさない擬テンソルを使うのがせいぜいなのである．これは，重力場のエネルギーについて近似的な情報をあたえるにすぎない．いくつかの特別の場合には正確でありうるのだが．

物理系によっては，ある時刻にこれをすっぽり包みこむような大きな 3 次元体積がとれるだろう．その体積にわたる積分

$$\int (t_\mu{}^0 + Y_\mu{}^0) \sqrt{} \, dx^1 dx^2 dx^3 \tag{31.4}$$

を考えてみよう．もしも，体積をかぎりなく大きくしてゆくとき，(a) 積分が収束し，(b) その体積の表面を過ぎる流束がゼロに収束するならば，この積分は重力場の分も含めた全エネルギー，全運動量を表わすようになると考えられる．実際，こういう場合には，恒等式 (31.2) は，積分 (31.4) が，時刻 $x^0 = a$ におこなっても $x^0 = b$ におこなっても同じ値になることを示す．その上，この積分は座標系によらない．というのは，時刻 $x^0 = b$ における座標系を変え，$x^0 = a$ の座標系は変えないということができるからである．だから，この場合には全エネルギー，全運動量が座標系によらず正確に定義され，これらが保存する．

条件 (a),(b) は，全エネルギー，全運動量の保存をいうには必要だが，実際上はなりたたない場合が多い．それらがなりたつのは，たとえば，4 次元時空における（時間方向にのびた）ある管状領域の外では空間が静的だとした場合である．もし，すべての物体がどれもある時刻からあと

に動きだすということであったら，そうなる．運動のつくりだす擾乱は光の速さよりはやくひろがることがないからである．しかし，ふつうの惑星系では，運動は無限の過去からつづいてきたのであろうから，ぐあいがわるい．重力波のエネルギーを論ずるには特別の扱いが必要なので，それは第33節で説明することにしよう．

32. 擬テンソルの具体的な表式

$t_\mu{}^\nu$ の定義式 (31.1) は

$$t_\mu{}^\nu \sqrt{\vphantom{L}} = \frac{\partial \mathscr{L}}{\partial q_{n,\nu}} q_{n,\mu} - g_\mu^\nu \mathscr{L} \qquad (32.1)$$

という形をしている．ただし，q_n $(n=1,2,\cdots,10)$ は 10 個の $g_{\mu\nu}$ のことで，n について和をとることはもちろんである．この式はまた，Q_m を q_n の任意の独立な 10 個の関数として

$$t_\mu{}^\nu \sqrt{\vphantom{L}} = \frac{\partial \mathscr{L}}{\partial Q_{m,\nu}} Q_{m,\mu} - g_\mu^\nu \mathscr{L} \qquad (32.2)$$

と書いてもよい．このことを証明するためには，まず

$$Q_{m,\sigma} = \frac{\partial Q_m}{\partial q_n} q_{n,\sigma}$$

に注意する．これから

$$\frac{\partial \mathscr{L}}{\partial q_{n,\nu}} = \frac{\partial \mathscr{L}}{\partial Q_{m,\sigma}} \frac{\partial Q_{m,\sigma}}{\partial q_{n,\nu}} = \frac{\partial \mathscr{L}}{\partial Q_{m,\sigma}} \frac{\partial Q_m}{\partial q_n} g_\sigma^\nu$$
$$= \frac{\partial \mathscr{L}}{\partial Q_{m,\nu}} \frac{\partial Q_m}{\partial q_n}.$$

したがって

$$\frac{\partial \mathscr{L}}{\partial q_{n,\nu}} q_{n,\mu} = \frac{\partial \mathscr{L}}{\partial Q_{m,\nu}} \frac{\partial Q_m}{\partial q_n} q_{n,\mu} = \frac{\partial \mathscr{L}}{\partial Q_{m,\nu}} Q_{m,\mu}$$

となり，(32.1) と (32.2) の等しいことがわかる．

さて，$t_\mu{}^\nu$ を具体的に書き下すためには，Q_m を $g^{\mu\nu}\sqrt{}$ にとって (32.2) をもちいるのが便利だ．そうすれば (26.8) が使えるからである．係数 16π をつけて書けば，それは

$$16\pi \delta \mathscr{L} = (\Gamma^\nu_{\alpha\beta} - g^\nu_\beta \Gamma^\sigma_{\alpha\sigma}) \delta(g^{\alpha\beta}\sqrt{})_{,\nu}$$
$$+ (ある係数) \delta(g^{\mu\nu}\sqrt{})$$

となり，したがって (32.2) により

$$16\pi t_\mu{}^\nu \sqrt{} = (\Gamma^\nu_{\alpha\beta} - g^\nu_\beta \Gamma^\sigma_{\alpha\sigma})(g^{\alpha\beta}\sqrt{})_{,\mu} - g^\nu_\mu \mathscr{L} \qquad (32.3)$$

を得る．

33. 重力波

からっぽの空間のなかで，重力場が弱く $g_{\mu\nu}$ がほとんど一定という領域を考えよう．そのような領域では，(16.4) がなりたつとしてよい．すなわち

$$g^{\mu\nu}(g_{\mu\nu,\rho\sigma} - g_{\mu\rho,\nu\sigma} - g_{\mu\sigma,\nu\rho} + g_{\rho\sigma,\mu\nu}) = 0. \quad (33.1)$$

ここでは調和座標を使うことにしよう．調和座標の条件 (22.2) は，添字 λ を下げて ρ に直し，(7.5) をもちいて書くと

$$g^{\mu\nu}\left(g_{\rho\mu,\nu} - \frac{1}{2}g_{\mu\nu,\rho}\right) = 0. \quad (33.2)$$

これを x^σ で微分し，微分について 2 次の項を省略するなら

$$g^{\mu\nu}\left(g_{\mu\rho,\nu\sigma} - \frac{1}{2}g_{\mu\nu,\rho\sigma}\right) = 0. \quad (33.3)$$

ρ と σ を変換して

$$g^{\mu\nu}\left(g_{\mu\sigma,\nu\rho} - \frac{1}{2}g_{\mu\nu,\rho\sigma}\right) = 0. \quad (33.4)$$

(33.1), (33.3), (33.4) を加えると

$$g^{\mu\nu}g_{\rho\sigma,\mu\nu} = 0$$

を得る．つまり，各 $g_{\rho\sigma}$ がダランベールの方程式をみたす．

その解は光速で伝播する波動からなる．これが重力波にほかならない．

この波のエネルギーについて考えよう．擬テンソルがテンソルでないために，座標系に無関係な透明な結果は一般には得られない．しかし，例外的に結果が透明になる場合がひとつだけあって，それはすべての波が同一の方向に進んでいるという場合である．

もし，すべての波が x^3 方向に進んでいるなら，座標軸をうまく選んで $g_{\mu\nu}$ が $x^0 - x^3$ なる一変数だけの関数となるようにすることができる．ここでは，もっと一般に，$g_{\mu\nu}$ が 1 変数 $l_\sigma x^\sigma$ だけの関数であるとしよう．ただし，l_σ は $g^{\rho\sigma}$ の変動部分を無視したとき $g^{\rho\sigma} l_\rho l_\sigma = 0$ となるような定数ベクトルとする．$g_{\mu\nu}$ は $l_\sigma x^\sigma$ の関数としたから，

$$g_{\mu\nu,\sigma} = u_{\mu\nu} l_\sigma \tag{33.5}$$

となる．$u_{\mu\nu}$ は $g_{\mu\nu}$ の $l_\sigma x^\sigma$ に関する導関数である．もちろん $u_{\mu\nu} = u_{\nu\mu}$ である．他方，調和座標の条件 (33.2) は，$u = u^\mu_\mu$ として

$$g^{\mu\nu} u_{\mu\rho} l_\nu = \frac{1}{2} g^{\mu\nu} u_{\mu\nu} l_\rho = \frac{1}{2} u l_\rho$$

をあたえる．これは，また

$$u^\nu_\rho l_\nu = \frac{1}{2} u l_\rho \tag{33.6}$$

とも書けるし，

$$\left(u^{\mu\nu} - \frac{1}{2} g^{\mu\nu} u \right) l_\nu = 0 \tag{33.7}$$

とも書ける．

さて，(33.5) をもちいて (7.5) を書けば
$$\Gamma^{\rho}_{\mu\sigma} = \frac{1}{2}(u^{\rho}_{\mu}l_{\sigma} + u^{\rho}_{\sigma}l_{\mu} - u_{\mu\sigma}l^{\rho}) \tag{33.8}$$
となるから，L の表式 (26.3) は——調和座標を使っているため (22.2) により第1項が落ちて——

$$L = -g^{\mu\nu}\Gamma^{\rho}_{\mu\sigma}\Gamma^{\sigma}_{\nu\rho}$$
$$= -\frac{1}{4}g^{\mu\nu}(u^{\rho}_{\mu}l_{\sigma} + u^{\rho}_{\sigma}l_{\mu} - u_{\mu\sigma}l^{\rho})(u^{\sigma}_{\nu}l_{\rho} + u^{\sigma}_{\rho}l_{\nu} - u_{\nu\rho}l^{\sigma})$$

となる．この各項をいちいちかけあわせると9項になるが，容易にわかるとおり，どれも (33.6) と $l_{\sigma}l^{\sigma} = 0$ によって消えてしまう．それゆえ，作用密度 $\mathscr{L} = L\sqrt{}$ はゼロ！電磁場についても対応する事情があって，一方向にのみ進む波の場合には作用密度がやはり消える．

つぎに擬テンソル (32.3) を計算しよう．(7.9) により
$$g^{\alpha\beta}{}_{,\mu} = -g^{\alpha\rho}g^{\beta\sigma}g_{\rho\sigma,\mu} = -u^{\alpha\beta}l_{\mu}.$$
また (20.5) から
$$\sqrt{}_{,\mu} = \frac{1}{2}\sqrt{}g^{\alpha\beta}g_{\alpha\beta,\mu} = \frac{1}{2}\sqrt{}ul_{\mu} \tag{33.9}$$
となるので，
$$(g^{\alpha\beta}\sqrt{})_{,\mu} = -\left(u^{\alpha\beta} - \frac{1}{2}g^{\alpha\beta}u\right)\sqrt{}l_{\mu}.$$
もうひとつ，(20.6) と (33.9) から
$$\Gamma^{\sigma}_{\alpha\sigma} = \frac{1}{2}ul_{\alpha}$$

となることに注意する．これらの公式をもちいると，(32.3) の第1項の後半は

$$\Gamma^{\sigma}_{\alpha\sigma}(g^{\alpha\beta}\sqrt{}),_{\mu} = -\frac{1}{2}ul_\alpha\left(u^{\alpha\beta} - \frac{1}{2}g^{\alpha\beta}u\right)\sqrt{}\,l_\mu$$
$$= 0$$

となることが (33.7) からわかる．作用密度 $\mathscr{L}$ はゼロであったから，(32.3) で残るのは，$\Gamma^{\nu}_{\alpha\beta}(g^{\alpha\beta}\sqrt{}),_{\mu}$ のみである．ふたたび上の公式をもちい，かつ両辺から $\sqrt{}$ をはずして書けば，

$$\begin{aligned}16\pi t_\mu{}^\nu &= -\Gamma^{\nu}_{\alpha\beta}\left(u^{\alpha\beta} - \frac{1}{2}g^{\alpha\beta}u\right)l_\mu \\ &= -\frac{1}{2}(u^{\nu}_\alpha l_\beta + u^{\nu}_\beta l_\alpha - u_{\alpha\beta}l^\nu)\left(u^{\alpha\beta} - \frac{1}{2}g^{\alpha\beta}u\right)l_\mu \\ &= \frac{1}{2}\left(u_{\alpha\beta}u^{\alpha\beta} - \frac{1}{2}u^2\right)l_\mu l^\nu. \end{aligned} \qquad (33.10)$$

最後の行に移るには (33.6) をもちいた．

こうして得られた $t_\mu{}^\nu$ の表式はテンソルに似た形をしている．これは，つぎのことを意味する：座標変換のうちで特に，一方向 l_σ に走る波だけからなるという場の特徴を保存し，したがって $g_{\mu\nu}$ があいかわらず1変数 $l_\sigma x^\sigma$ のみの関数でありつづけるというような変換にかぎれば，$t_\mu{}^\nu$ はテンソルのように変換する．そのような変換は，b_μ を $l_\sigma x^\sigma$ のみの関数として

$$x^{\mu'} = x^\mu + b^\mu$$

の形をしたもの，つまり l_σ 方向に進む座標波動（coordinate

wave）の導入になるようなものにかぎる．

　一方向に進む波だけという制限のもとでなら，重力エネルギーは局在化されうるのである．

34. 重力波の偏り

(33.10) の物理的意味を理解するために，x^3 方向に進む波の場合にもどって $l_0 = 1$, $l_1 = l_2 = 0$, $l_3 = -1$ とし，座標は特殊相対論のものを近似するようにとろう．そうすると，調和条件 (33.6) は

$$\left.\begin{array}{l} u_{00} + u_{03} = \dfrac{1}{2}u, \\ u_{10} + u_{13} = 0, \\ u_{20} + u_{23} = 0, \\ u_{30} + u_{33} = -\dfrac{1}{2}u \end{array}\right\} \quad (34.1)$$

となるから，$u_{\mu\nu}$ が対称であることに注意して

$$u_{00} - u_{33} = u = u_{00} - u_{11} - u_{22} - u_{33}.$$

よって

$$u_{11} + u_{22} = 0. \quad (34.2)$$

また

$$2u_{03} = -(u_{00} + u_{33}).$$

そこで，

$$u_{\alpha\beta}u^{\alpha\beta} - \frac{1}{2}u^2 = u_{00}{}^2 + u_{11}{}^2 + u_{22}{}^2 + u_{33}{}^2$$

$$-2u_{01}{}^2 - 2u_{02}{}^2 - 2u_{03}{}^2$$
$$+ 2u_{12}{}^2 + 2u_{13}{}^2 + 2u_{23}{}^2$$
$$- \frac{1}{2}(u_{00} - u_{33})^2$$
$$= u_{11}{}^2 + u_{22}{}^2 + 2u_{12}{}^2$$
$$= \frac{1}{2}(u_{11} - u_{22})^2 + 2u_{12}{}^2$$

を得る．ただし，第2行に移るのに (34.1) から自明の相殺のほか

$$u_{00}{}^2 + u_{33}{}^2 - \frac{1}{2}(u_{00} - u_{33})^2 = \frac{1}{2}(u_{00} + u_{33})^2 = 2u_{03}{}^2$$

に注意し，最後の行を書くには (34.1) を利用した．こうして，重力場のエネルギー・運動量を表わす (33.10) は

$$16\pi t_0{}^0 = \frac{1}{4}(u_{11} - u_{22})^2 + u_{12}{}^2 \tag{34.3}$$

および

$$t_0{}^3 = t_0{}^0$$

をあたえる．

こうして，重力波のエネルギー密度が正であり，そのエネルギーは x^3 軸方向に光速で流れることがわかった．

さて，重力波の偏りを調べるために，$x^1 x^2$ 面内の微小回転の演算子 R を導入しよう．それは，任意のベクトル（成分を A_ν，$\nu = 0, 1, 2, 3$ とする）に作用して

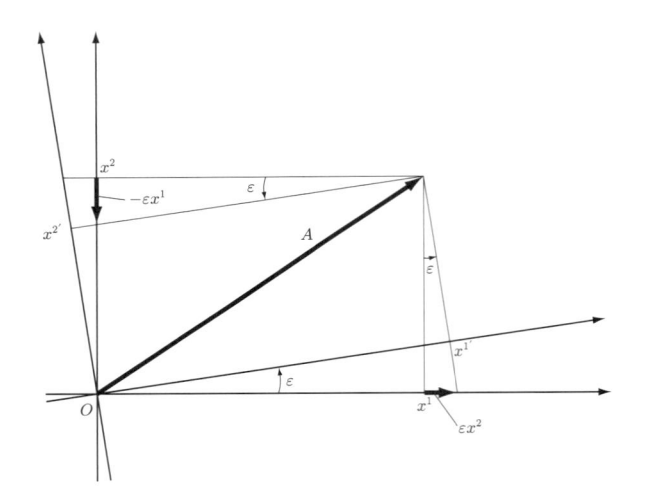

第 8 図　本文の R は，$x^1 x^2$ 面内での座標軸回転の生成演算子である．勝手なベクトル A の成分 x^μ が，座標軸を $x^1 x^2$ 面内で微小角 ε だけ回転したとき $x^{\mu'}$ に変わったとして，R は
$$(1+\varepsilon R)\begin{pmatrix} x^1 \\ x^2 \\ x^3 \\ x^0 \end{pmatrix} = \begin{pmatrix} x^{1'} \\ x^{2'} \\ x^{3'} \\ x^{4'} \end{pmatrix}$$
によって定義される．ただし，ε^2 以上を無視する．図から明らかに
$$R\begin{pmatrix} x^1 \\ x^2 \\ x^3 \\ x^0 \end{pmatrix} = \begin{pmatrix} x^2 \\ -x^1 \\ 0 \\ 0 \end{pmatrix}$$
となる．この関係は反変成分に直しても変わらない．本文に書かれている $Rx_1 = x_2, Rx_2 = -x_1$ は，このことの略記法とみればよい．

$$RA_1 = A_2, \quad RA_2 = -A_1;$$
$$RA_3 = 0, \quad RA_0 = 0$$

とするものである．このことから

$$R^2 A_1 = -A_1.$$

よって，$x^1 x^2$ 面内のベクトルに作用させたとき iR の固有値は ± 1 である．

これを $u_{\alpha\beta}$ に作用させると

$$Ru_{11} = u_{21} + u_{12} = 2u_{12},$$
$$Ru_{12} = u_{22} - u_{11},$$
$$Ru_{22} = -u_{12} - u_{21} = -2u_{12}.$$

したがって，

$$R(u_{11} + u_{22}) = 0$$

および

$$R(u_{11} - u_{22}) = 4u_{12},$$
$$R^2(u_{11} - u_{22}) = -4(u_{11} - u_{22}).$$

また

$$R^2 u_{12} = R(u_{22} - u_{11}) = -4u_{12},$$

よって，$u_{11} + u_{22}$ が不変であるのに対して，$u_{11} - u_{22}$ と u_{12} は iR の固有値がそれぞれ ± 2 の固有ベクトルになっている．エネルギー (34.3) に寄与する成分はスピン 2 に相当するわけである．

35. 宇宙項

アインシュタインは，からっぽの空間に対する彼の方程式 (24.1) を
$$R_{\mu\nu} = \lambda g_{\mu\nu} \tag{35.1}$$
のように一般化しようと考えたことがある．ただし，λ は定数．これはテンソル方程式だから，自然の法則として許容しうるものである．

しかし，この付加項なしで太陽系に関して観測によく一致する答が得られていたのだから，もしこれを導入するなら，その一致をそこなわないように λ は十分に小さくとらなければならない．$R_{\mu\nu}$ は $g_{\mu\nu}$ の 2 階微分を含んでいるから，λ は［長さ］$^{-2}$ の次元をもつ．λ を小さくするには，この長さが大きくなければならない．宇宙の半径くらいの，つまり宇宙的な距離ということになる．

この付加項は，宇宙論には重要であるが，近接した対象に対しては無視しうる影響しかもたない．これを場の理論にとりいれるには，ラグランジアンに
$$I_c = c \int \sqrt{}\, d^4 x$$

なる1項を加えればよい．c は適当な定数である．

(26.11) により

$$\delta I_c = c \int \frac{1}{2} g^{\mu\nu} \delta g_{\mu\nu} \sqrt{} \, d^4 x$$

となるから，作用原理

$$\delta(I_g + I_c) = 0$$

は

$$16\pi \left(R^{\mu\nu} - \frac{1}{2} g^{\mu\nu} R \right) + \frac{1}{2} c g^{\mu\nu} = 0 \qquad (35.2)$$

をあたえることになる．これは，縮約によって得られる

$$16\pi R = 2c$$

をもちいて

$$16\pi R^{\mu\nu} = \frac{1}{2} c g^{\mu\nu}$$

と書きかえることができる．この方程式は

$$c = 32\pi\lambda \qquad (35.3)$$

にとれば，たしかに (35.1) に一致する．

アインシュタイン方程式としては，(24.1) のかわりに (24.2) をとってもよかった．こんども，(35.1) のかわりに，(35.2) に (35.3) を入れた方程式

$$R^{\mu\nu} - \frac{1}{2} g^{\mu\nu} R = -\lambda g^{\mu\nu} \qquad (35.4)$$

をとっても同じことである．

重力場が他のどんな場と相互作用している場合でも，作用に I_c を加えておきさえすれば，アインシュタインの宇宙

項のはいった正しい場の方程式が得られる．

付．ディラックと一般相対性理論

江沢　洋

　ディラック先生ときけば，量子力学を思うのが普通だろう．名著『量子力学』は名訳[1]を得て多くの学生の財産になっている．変換理論や光の発生・吸収の理論，電子論などの輝かしい業績を思いだすひとも多いにちがいない．

　しかし，「一般相対性理論」の教科書をディラック先生が書いたときくと，意外に思うむきもあるのではないだろうか．この翻訳を機会に先生の一般相対論との関わりをあとづけてみたい．

　ものの本を読むと，ディラックは，まだ電気工学の学生であったときから相対性理論に興味をもっていたとある[2]．むべなるかな．彼がブリストル大学を卒業したのは 1921 年である．その 2 年前，すなわち 1919 年には，光が重力によって屈折するというアインシュタイン理論の予言が皆既日食を利用した星の方位変化の観測で裏づけられて，一大センセーションをまきおこしていたのだ．

　大学での講義は哲学者によるもので，数学的でなく哲学

に傾いていた.ディラックは,相対性理論の物理的内容をエディントン(A. S. Eddington)の『空間,時間と重力』(*Space, Time and Gravitation*, Cambridge, 1920)から学んだのだった.

1923年にはエディントンの『相対性の数学的理論』(*The Mathematical Theory of Relativity*, Cambridge)がでた.この年にケンブリッジ大学にきてディラックが書いた処女論文は,分子の「温度勾配による解離」の統計力学(1924)であったが,師であったファウラー(R. H. Fowler)が半年のコペンハーゲン留学にでたあと,ミルン(E. A. Milne)の指導のもとで「質点の相対論的力学に関するノート[3]」を書いた(1924).これがディラックの第2論文である.その内容を簡単に説明することからはじめよう.

1. 運動学的速度と動力学的速度

相対論的には,物質粒子はエネルギー・運動量テンソル $T^{\mu\nu}$ の集中した場所として表わされる(本文の第25節を参照).4次元時空でいえば,それは時間的方向にのびる管になり,そのなかで $T_{\mu\nu} \neq 0$,外では $= 0$.その管の空間3次元的断面にわたって $T_{\mu\nu}$ の法線成分を積分したものが粒子のエネルギーと運動量になるはずだから,積分の結果を Mc^2, Mv^k ($k = 1, 2, 3$) と書いて,ここにあらわれる v^k を動力学的速度とよぶ.他方,$T_{\mu\nu}$ の集中した管は,すなわち粒子の世界線であるから,その傾き dx^k/dx^0 を運動学的速度とよぶ.エディントンは前記の『相対性の数学的理

論』の125頁に，こう書いている：

> 粒子の動力学的速度が運動学的速度に等しいということは，特別の仮定なしには証明できそうもない．保存則からは，外力のないとき（Mc^2, Mv^k）が管にそって一定であることが導かれるだけであって，このベクトルの方向が管の方向に一致することさえでてこない．私は，自然界において力学的速度と運動学的速度が一致していることは疑いないと思う．しかし，その理由は物質の究極粒子の対称性にもとめらるべきであろう……．

ディラックは，物質の保存 $T_{\mu\nu;\nu}=0$ からでる $T_{\mu\nu}$ の連続性をもちい，簡単な議論で，任意の形の粒子について二つの速度が一致することを証明したのである[4]．

このあと二十数年間，ディラックは量子論・量子力学に専心する．少なくとも発表された論文から見るかぎり，一般相対性理論の影はない．いうまでもなく，相対論的電子論，量子電磁力学の枠組は特殊相対性理論である．その量子電磁力学は，しかし，電子が光子と相互作用する結果としてもつ付加質量 δm を計算すると無限大になってしまうということに代表される'発散の困難'を背負っていた．

2. エーテルは存在するか

電子の質量に加わる電磁的な付加分 δm の無限大は，電子の点模型を量子論が古典ローレンツ理論からひきついだときに同時に背負わされた重荷であった．ディラックの相

対論的電子論が陽電子の存在をあばいたとき，その無限大の程度はいくらか弱まりはした．点電子のまわりに真空から発生する陰・陽電子対の群の分極によって，点電子の場が遮蔽されるためである．しかし，発散は弱まっても，なくなったわけではない．

量子電磁力学を矛盾なくつくりあげることがどうにもむずかしいとわかったとき，ディラックは二つの試みをはじめる．

ひとつは電子の古典理論のつくりかえである．これには，いまは立ち入らないことにしよう[5]．

もうひとつは，相対性理論の誕生のときエーテルを排除した論理が量子力学的には妥当しないことに注意して[6]，むしろエーテルを復活し，これに役割をあたえようという試みである．ディラックはいう[7]：

量子力学になって状況は根本的に変わった．エーテルにも，他の形の物質やエネルギーと同じく，量子力学は適用されなければならない．おそらくエーテルは非常に軽く希薄だから，量子力学を無視することによる誤りは大きいだろう．軽いものほど量子力学の効果は重要になるものである．

量子力学によれば，時空の一点におけるエーテルの速度は確定値をとることができない．他のすべての力学変数と同様に不確定性原理にしたがわねばならないからである．そこで，エーテルの速度のあらゆる値に同じ確率をあたえるような波動関数を真空がもつとすれ

ば，これをローレンツ不変な仕方で記述することができる．

ディラックは新しい電磁力学[8]を提出し，それが実際エーテルの速度場で解釈されるもので[6]，いくつかの論議をよびおこしはしたが[9]，しかし，ついに見るべき収穫はもたらさなかったようである．ディラックは，こういっている[10]：

> 私が，エーテルなしで物理の理論をつくる努力は限界にきたと思いエーテルに未来の希望を託そうとするのも，エーテルなしで満足な理論をつくろうと世界中の物理学者が多年にわたってつづけてきた精力的な研究が，どれも失敗に終わっているからにほかならない．

エーテルとよぶかどうかはともかく，真空は量子電磁力学においてはもはやカラッポではなくなっている．さきにも触れたように，そこでは陰・陽電子対が生成・消滅をくりかえし，また光子を吸ったり吐いたりしている．量子電磁力学は，たしかに，そうした真空に相対論的不変な記述をあたえているのである．

ディラックは，エーテルへの関心と並行して，重力場を量子化する努力をはじめている．その論文のどこをさがしても，重力を組みこむことによって量子電磁力学の発散の困難を除こうとはいっていない．しかし，質量の発散をおこすのは点電子のところにおこるエネルギーの集中だから，もし現実にそれがおこったら強い重力場をつくるはずで，空間の歪みが陰・陽電子対や光子の振舞に影響するはずだろう．その上，電磁的エネルギーが $+\infty$ に発散するのに対

して重力は引力で負のエネルギーをもたらすから、発散が打ち消しあう可能性がある。

3. 重力場の量子化の問題

ディラックは、のちにいっている：

　重力場が量子化されているという実験的証拠はない。しかし、われわれは物理のどんな場も量子化されるべきだと信じている。どんな場もたがいに相互作用をするのだから、あるものは量子化され、あるものは量子化されないということは考えにくい[11]。

しかし、重力場を量子化しようとすると、ひとつやっかいな問題がおこる。それを克服するために、ディラックは力学の正準形式の拡張[12-14]からはじめなければならなかった。この拡張は、重力場の量子化だけでなく、現在の素粒子論でも利用されることがあるので[15]、すこし詳しく説明しよう。

力学系を量子化するには、まず古典論の範囲で力学を正準形式に書き、そこにあらわれるポアッソン括弧 $\{A, B\}$ を量子力学的な正準交換関係 $[\hat{A}, \hat{B}]$ に読みかえるというのが、ディラック自身の定式化した方法である：

$$\{A, B\} \to (i\hbar)^{-1}[\hat{A}, \hat{B}]. \tag{1}$$

この交換関係によって、力学量の量子力学的表現である演算子 $\hat{A}, \hat{B}$ がきまる。

あとさきになったが、ポアッソン括弧は、正準座標を q_n、それに共役な正準運動量を p_n とするとき（$n = 1, 2,$

…, N), それらの任意の関数 A, B に対して

$$\{A, B\} \equiv \sum_{n=1}^{N} \left[\frac{\partial A}{\partial q_n} \frac{\partial B}{\partial p_n} - \frac{\partial B}{\partial q_n} \frac{\partial A}{\partial p_n} \right] \tag{2}$$

によって定義される.以下 $(p_n)_{n=1,\cdots,N}$ を p と書く.$(q_n)_{n=1,\cdots,N}$ に対しても同様.

ついでにいえば,古典力学の正準形式では,系の状態が時間 t の経過とともにいかに変化するかを追跡する.系の状態というのは時刻をきめてとった正準変数の値の組 $(q(t), p(t))$ であって,それらの時間変化を規定するのが系のハミルトニアン $H(q, p)$ である:

$$\frac{dq_n}{dt} = \{q_n, H\},$$
$$\frac{dp_n}{dt} = \{p_n, H\}.$$

この連立微分方程式を,$t=0$ における初期状態 $(q(0), p(0))$ をあたえられて解くと系の運動がきまる.

では,重力場を記述する正準座標にはなにをとるべきか? すぐ考えられるのは $x^0 = t$ という空間的な超平面上における計量テンソル $q_{\mu\nu}$ である[16].事実,本文の第26節によれば,重力場の作用積分は (26.5) であたえられ,ラグランジアン密度 $\mathscr{L}$ は (26.3) の L に $\sqrt{}$ をかけたもので,$g^{\mu\nu}$ とその1階微分で書かれている:

$$\mathscr{L} = g^{\mu\nu}(\Gamma^{\sigma}_{\mu\nu}\Gamma^{\rho}_{\sigma\rho} - \Gamma^{\rho}_{\mu\sigma}\Gamma^{\sigma}_{\nu\rho})\sqrt{}.$$

クリストッフェル記号の定義 (7.5),(7.10) を思いだして詳しく書けば,たしかに

$$\mathcal{L} = \frac{1}{4} q_{\mu\nu,\rho} g_{\alpha\beta,\sigma} [(q^{\mu\alpha} g^{\nu\beta} - g^{\mu\nu} g^{\alpha\beta}) g^{\rho\sigma} \\ + 2(g^{\mu\rho} g^{\alpha\beta} - g^{\mu\alpha} g^{\beta\rho}) g^{\nu\sigma}] \sqrt{}. \tag{3}$$

本文の第3節で約束したとおり $g_{\mu\nu,\rho} \equiv \partial g_{\mu\nu}/\partial x^\rho$ である.

正準座標を $g_{\mu\nu}$ としたので,速度にあたるものは $g_{\mu\nu,0}$ になる.そして,正準座標 $g_{\mu\nu}$ に共役な正準運動量は $p^{\mu\nu} = \partial \mathcal{L}/\partial g_{\mu\nu,0}$ で定義するのが力学の正準形式の処法である.これを計算するために,(3) を $g_{\mu\nu,0}$ につき斉次2次,1次,0次の項に分けよう:

$$\mathcal{L} = \mathcal{L}(2) + \mathcal{L}(1) + \mathcal{L}(0).$$

このうち

$$\mathcal{L}(2) \\ = \frac{1}{4} g^{00} g_{\mu\nu,0} g_{\alpha\beta,0} \left[\left(g^{\mu\alpha} - \frac{g^{\mu 0} g^{\alpha 0}}{g^{00}} \right) \left(g^{\nu\beta} - \frac{g^{\nu 0} g^{\beta 0}}{g^{00}} \right) \\ - \left(g^{\mu\nu} - \frac{g^{\mu 0} g^{\nu 0}}{g^{00}} \right) \left(g^{\alpha\beta} - \frac{g^{\alpha 0} g^{\beta 0}}{g^{00}} \right) \right] \sqrt{}.$$

ここに $g_{\mu 0,0}$ のあらわれないことが注目すべき点である.このために $g_{\mu 0}$ に共役な運動量をもとめると

$$p^{\mu 0} = f^\mu(g_{\alpha\beta}, g_{\alpha\beta,r}) \tag{4}$$

の形,すなわち速度にまったくよらず,正準座標 $g_{\alpha\beta}$ とその $x^0 = t$ の超平面内での微分 $g_{\alpha\beta,r}$ だけの関数となる.このことは,本文の第27節以下にあたえられているような物質に関わる作用積分を加えて計算し直しても変わらない.

正準運動量をもとめたら,これでもって速度を書き表わして,ハミルトニアン密度

$$\mathscr{H} = p^{\mu\nu} g_{\mu\nu,0} - \mathscr{L}$$

を正準座標 $g_{\mu\nu}$ と正準運動量 $p^{\mu\nu}$ の関数として構成するというのが，力学の正準形式の処法であった．ところが，(4)のように速度を含まない正準運動量があったのでは，速度を正準運動量の関数としてもとめるということができない．こういう問題をおこすラグランジアンを特異（singular）であるという．

この節のはじめに予告したやっかいな問題というのは，このことである．この問題を克服するために，ディラックは力学の正準形式を拡張しなければならなかった．

考えてみると，しかし，$g_{\mu 0}$ が問題をおこすのは当然のことである[17]．なぜかといえば，一般相対性理論では座標系のとりかたは任意なのであって，それぞれ $x^0 = t$ の超平面と $x^0 = t + dt$ の超平面とにのった二つの点のあいだの距離をきめる $g_{\mu 0}$ が力学から定まるはずがない．もともと超'平'面のとりかたが任意だからである．

4. 正準形式の拡張

力学の正準形式をディラックがどう拡張したかを説明する準備として，簡単な例題を見ておきたい．

質量 m の質点が傾き θ の斜面を滑り落ちるという問題を，わざと直交座標系 (q_1, q_2) をもちいて解く．ただし，q_1 軸は水平に q_2 軸は鉛直上向きにとる．重力加速度を g としよう．質点が斜面に沿って動くということは拘束条件

$$\alpha q_1 + \beta q_2 = 0 \tag{5}$$

で表わされる．ここに $\alpha \equiv -\sin\theta$, $\beta \equiv \cos\theta$ である．この質点の運動は，変分原理

$$\delta \int_{t_a}^{t_b} L dt = 0$$

によって定められるが，この際，拘束条件 (5) はラグランジュの未定係数 $\lambda = \lambda(t)$ をもちいてラグランジアン L にいれておくのである．

$$L = \frac{m}{2}(\dot{q}_1^2 + \dot{q}_2^2) - mgq_2 - \lambda(\alpha q_1 + \beta q_2). \quad (6)$$

ここで q の上のドット・は $\dot{q}_1 = dq_1/dt$ のように時間微分を表わす．ここでは座標 q_1, q_2 と同列にラグランジュの未定係数 λ についても変分するのである．ということは，以後 λ も，q_1, q_2 と同列の力学変数とみなせということだ．ところが，この λ に共役な運動量をもとめようにも $\dot{\lambda}$ が L に含まれていないから，$p_\lambda \equiv \partial L/\partial \dot{\lambda} = 0$．これを

$$\phi_1 \equiv p_\lambda \approx 0 \quad (7)$$

と書いておく．特別な記号 $\approx$ をもちいる理由はまもなく明らかになる．この (7) が重力場の場合の (4) に相当することは，すでにお気づきであろう．

この系のハミルトニアンは

$$H = \frac{1}{2m}(p_1^2 + p_2^2) + mgq_2 + \lambda(\alpha q_1 + \beta q_2) + up_\lambda$$

となる．ただし，$u = u(t)$ は拘束条件 (7) をとりいれるためのラグランジュの未定係数である．ここでは，変分問題

$$\delta \int_{t_a}^{t_b} (p_1 \dot{q}_1 + p_2 \dot{q}_2 + p_\lambda \dot{q}_\lambda - H) dt = 0$$

を考えるわけで,これに対するオイラーの方程式

$$\dot{q}_n = \frac{\partial H}{\partial p_n}, \quad \dot{p}_n = -\frac{\partial H}{\partial q_n} \qquad (n = 1, 2, \lambda) \qquad (8)$$

がハミルトンの正準運動方程式にほかならない.

さて,条件(7)は時間がたってもつねになりたっていなければならないので,理論が矛盾なく組み上がるものならば $\dot{\phi}_1 = 0$ となるはずである.時間微分は

$$\dot{\phi}_1 = \sum_n \left[\frac{\partial \phi_1}{\partial q_n} \dot{q}_n + \frac{\partial \phi_1}{\partial p_n} \dot{p}_n \right]$$

に運動方程式(8)を代入して得る式

$$\dot{\phi}_1 = \sum_n \left[\frac{\partial \phi_1}{\partial q_n} \frac{\partial H}{\partial p_n} - \frac{\partial H}{\partial q_n} \frac{\partial \phi_1}{\partial p_n} \right] = \{\phi_1, H\}$$

からもとめられる.つまりポアッソン括弧の計算だが,その際 n に関する和は $n = 1, 2, \lambda$ にわたるので $\partial/\partial p_\lambda$ の項も含めておかねばならない.(7)によって $p_\lambda = 0$ とおくのは,すべての計算が終わったあとである.(7)を等号でなく特別の記号 $\approx$ で書いたのは,このことを明示するためであった.ディラックは,この意味の $\approx$ で結ばれた等式を'弱い等式'とよんで,普通の'強い等式'から区別している.こうして,(7)の $\phi_1 \approx 0$ が

$$\{\phi_1, H\} = -(\alpha q_1 + \beta q_2) \equiv -\phi_2 \approx 0$$

を要求することがわかった.要求は連鎖的につづく.

$$\{\phi_2, H\} = \frac{1}{m}(\alpha p_1 + \beta p_2) \equiv \frac{1}{m}\phi_3 \approx 0,$$

$$\{\phi_3, H\} = -\lambda - \beta mg \equiv -\phi_4 \approx 0,$$

$$\{\phi_4, H\} = u \equiv \phi_5 \approx 0.$$

つぎは $\{\phi_5, H\} = 0$ となり連鎖が切れる．最後の $\phi_5 \approx 0$ は u を定める方程式である．ディラックは，バーグマン（P. G. Bergmann）の命名にしたがって，ラグランジアンの構造からでた（7）を1次的拘束とよび，以下の $\phi_2, \cdots, \phi_4 \approx 0$ を2次的拘束とよんでいる．しかし，これらは拘束条件としてすべて同列に扱ってもよいはずであって，それぞれにラグランジュの未定係数 $u_k(t)$, $k = 1, \cdots, 4$ をかけてハミルトニアンに加えても力学の問題に変化はない．これは，ラグランジアンが特異なときハミルトニアンの形に任意性が残ることを意味している．

5. ディラック括弧

一般に，上のような拘束条件 $\phi_1, \cdots, \phi_K$ があらわれるのは，あたえられた力学系に対して多すぎる座標 $q_1, \cdots, q_N$ を設定した場合である．もし，ちょうど適当な数の正準変数 $(Q_1, P_1, \cdots, Q_M, P_M)$ を選ぶことができたら，これらの関数として $q_1, \cdots, q_N$ が書き表わされることになり，

$$\{q_n, p_m\}_{QP} \equiv \sum_{k=1}^{M} \left[\frac{\partial q_n}{\partial Q_k} \frac{\partial p_m}{\partial P_k} - \frac{\partial p_m}{\partial Q_k} \frac{\partial q_n}{\partial P_k} \right] \quad (9)$$

等々も計算される．そして，$\{q_n, p_m\} = \delta_{nm}$ はかならずしもなりたたないだろう．$\{\ \}$ に添字 QP をつけたのは，

まえの (2) と区別するためである．

(9) の括弧の値を，正しい変数 Q, P をさがすことなしに決定する方法をディラックは発見した[14]．

まず，拘束 $\phi_1, \cdots, \phi_K$ あるいはその線形結合で，すべての拘束とポアッソン括弧が ≈ 0 になるものを第1類の拘束とよんで別にする．残りを第2類とよぶことにし，それらをあらためて $\chi_1, \cdots, \chi_L$ としよう．そして，$\{\chi_r, \chi_s\}$ を r 行 s 列にもつ $L \times L$ 行列 W を定義すると，この W は逆 W^{-1} をもつことが証明される．

さきの例では $\phi_1, \cdots, \phi_4$ がすべて第2類で，行列 W は

$$W = \begin{pmatrix} 0 & 0 & 0 & -1 \\ 0 & 0 & 1 & 0 \\ 0 & -1 & 0 & 0 \\ 1 & 0 & 0 & 0 \end{pmatrix}$$

となり，たしかに逆

$$W^{-1} = \begin{pmatrix} 0 & 0 & 0 & 1 \\ 0 & 0 & -1 & 0 \\ 0 & 1 & 0 & 0 \\ -1 & 0 & 0 & 0 \end{pmatrix}$$

をもっている．

逆行列 W^{-1} をもちいて，ディラックは，今日ディラック括弧とよばれるところの

$$\{A, B\}_{\mathrm{D}} = \{A, B\} - \sum_{s, r=1}^{L} \{A, \chi_r\}(W^{-1})_{rs}\{\chi_s, B\} \tag{10}$$

を定義する[12,17].これがポアッソン括弧の性質をすべて備えており[12,18],しかも,たやすく確かめられるとおり,B を第2類の拘束 χ_l とするとき,任意の A に対して
$$\{A, \chi_l\}_D = 0$$
となるので,これを計算するまえから $\chi_l = 0$ としても同じこと.つまり,ディラック括弧をとれば,拘束条件の'弱い等式'がそのまま'強い等式'とみなせることになるのである.

斜面を滑る質点の例で計算してみると
$$\left. \begin{array}{l} \{q_1, p_1\}_D = \beta^2, \quad \{q_2, p_2\}_D = \alpha^2 \\ \{q_1, p_2\}_D = -\alpha\beta, \quad \{q_2, p_1\}_D = -\alpha\beta \end{array} \right\} \quad (11)$$
となり,他はゼロ.特に
$$\{q_\lambda, p_\lambda\}_D = 0, \quad \{q_\lambda, q_\lambda\}_D = \{p_\lambda, p_\lambda\}_D = 0 \quad (12)$$
は q_λ, p_λ が真に余分な変数であることを示すだろう.いま,斜面に沿って登りの向きに座標軸 Q をとり,その座標に共

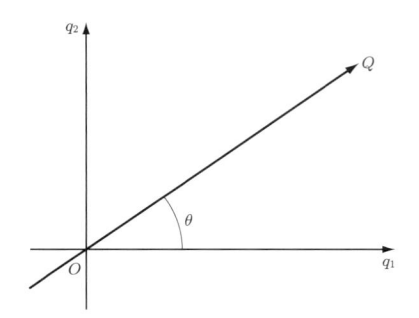

役な運動量を P とすれば，質点 m の運動を記述するにはこれだけで十分であって
$$q_1 = Q\cos\theta, \quad q_2 = Q\sin\theta$$
$$p_1 = P\cos\theta, \quad p_2 = P\sin\theta$$
となるから，$\alpha = -\sin\theta$, $\beta = \cos\theta$ だったことを思いだせば，(11) が
$$\{q_1, p_1\}_D = \{q_1, p_1\}_{PQ}$$
等々を意味していることがわかる．一般に，q, p の任意の関数 A, B に対して望みどおり $\{A, B\}_D = \{A, B\}_{PQ}$ がなりたつ．

この質点 m の運動を量子化するには，あえて変数 Q, P をみつけなくても，(11) をまえの (1) 式にしたがって読みかえた交換関係がみたされるように演算子 $\hat{q}_n, \hat{p}_n$, $n = 1, 2$ をつくればよいことになる．

6. 重力場の量子化

重力場の状態を $x^0 = t$ の空間的超平面上の $g_{\mu\nu}$ の値で定める立場をとろうにも，力学から $g_{\mu 0}$ の時間発展はきまらないことをまえに注意した．このことから，ディラックは，はじめ $g_{\mu 0}$ と独立な変数のみで力学を書くことを考え[16]，第4節に説明した方法で正準形式をつくった．重力場の独立な'座標'変数は g_{rs} ($r, s = 1, 2, 3$) の6個になる．$g_{\mu 0}$ に共役な運動量はラグランジアンを部分積分で変形しておくと $p^{\mu 0} \approx 0$ にでき，これがひきおこす2次的な拘束 $\phi_\mu \approx 0$ はいずれも第1類になるので，量子化のあと

では状態ベクトル Ψ に対する付加条件
$$\hat{p}^{\mu 0}\Psi = 0, \quad \hat{\phi}_\mu \Psi = 0 \tag{13}$$
とすればよかろうというのだった．これは，しかし，Ψ に対する複雑な汎関数微分方程式になる．

これでは実際的でない，とディラックは認めて，上に説明したディラック括弧の方法を案出したのである[17]．この方法によれば，$g_{\mu 0}$ を時間の任意関数として残すのでなく，超平面 $x^0 = t$ の形（$-\infty < t < \infty$）とその上の空間的座標網をきめる条件（座標条件）を拘束としてもちこむことができる．というのは，座標条件を加えることは座標変換に対する理論の不変性を破ることになるが，さきの (13) の拘束 $\phi_\mu \approx 0$ は実は一般座標変換に関する不変性を表わすもので，これと座標条件とのポアッソン括弧が消えず，すべてが第2類の拘束になる．これがディラック括弧によって処理されるわけである．詳しくは，文献[18] の §57 にあるていねいな説明をみていただきたい．

上の筋書きにしたがって重力場の量子化に進もうとすると，さらに種々の問題がおこる．もはやディラック以後のことになるから，ここでは述べないが，やはり文献[18] の §60 に詳しい解説がある．より広い視野からの解説[19] や論文[20] とあわせて参照されたい．

ところで，重力場を正準形式で扱うことは各'時刻 t' の状態を考えることで，時間座標 x^0 を特別あつかいにするから，さきにも述べたとおり，アインシュタインがせっかく成就した時空の対称性を破ることになる．ディラックはい

う[16]：

> 4次元対称性を失うことは，数学的には，許される変換が少なくなるために惜しまれるにすぎない．正準形式が新たに許す接触変換の豊富さは，これを償ってあまりがある．
>
> 正準形式を基本のものとみなすことも可能であり，そうすると理論の4次元対称性は基本的でないことになる．

正準形式への信頼は固いのである．別のところでも，場の量子論の困難に触れたあと，ディラックはいっている[14]：

> 古典力学で正準形式をつくっておいて量子論に移行するということのむずかしさに圧倒されて，たぶんこれは悪い方法なのだと思うようになった人もいる．特に最近では人々は場の量子論をつくる別の方法をさがしており，かなりの進展があった．しかし，私は，これら別の方法は，たしかに実験を説明するという面で長足の進歩をしているけれども，問題の最終的な解決に導くものではないと思う．私は，それらの理論には，ハミルトニアンあるいはハミルトニアン概念のある拡張を使うことでしか得られないなにかがつねに欠けることになるだろうと感じている．

7. 重力場のエネルギー

本文の第31節に，ディラックは，重力場のエネルギーのエネルギー擬テンソルによる定義が不満足なことを述べて

いる．重力場に対する正準形式[16,17]ができたいま，そのハミルトニアンこそがエネルギーだろうと思うと，それは実は拘束条件（13）によって ≈ 0 になってしまう（文献[19]を参照）．

この点を検討して，ディラックはつぎのような結論をだしている[21]：弱い重力場の場合にはハミルトニアンにもとづいてエネルギーに一応の定義をあたえることができるけれども，座標系のとりかたによる不定性をまぬがれない．しかし，重要な例外として，物質がなく一方向に進む重力波だけが存在するという場合にはエネルギーの座標に無関係な定義ができる．この第2の点は本文の第33節に説明されている．また，重力波についての短い解説[22]にもみえる．ついでにいえば，ディラックは，この解説で，ウェーバーの重力波検出の試みに触れて，"彼の見解によれば今日の技術で重力子を実験室において証明する見込みがないとはいえない"と述べた．

8. 重力場における大きさ有限の粒子

最後に，ディラックがシュヴァルツシルト半径について表明した見解を引用しておこう[23]．本文の第19節後半の解析を思いあわせると興味ぶかい．

> 数学者はシュヴァルツシルト半径を越えて内側に入ってゆけるが，私は内側の領域は物理的な空間ではないと思う．それは，内側に信号を送りこんで返信を得るには無限の時間がかかるからであって，私は，シュヴ

ァルツシルト半径の内側は別の宇宙に属するとしなければなるまいと感じている．……私は長いあいだシュヴァルツシルト半径に等しい半径をもつ粒子について考えてきたが，シュヴァルツシルト半径のところに場が強い特異性をもつので，どうも困難が大きい．どうやら，シュヴァルツシルト半径よりも大きな粒子を考えて重力場との相互作用の理論をつくるのが，より有利なように思われる．

ディラックは，研究はまだ完成していないとしながらも，重力に抗する表面'圧力'をもつ球形の薄膜（シャボン玉！）が球形を保ちながら膨脹・収縮の脈動をするという模型は詳しく研究したといっているが，立ち入った説明はしていない．

ディラックの一般相対論の仕事をひとわたり見てきた．この先まだまだ道の遠いことを思わないわけにはいかない．一般相対性理論に研究すべき問題が多いことは，現在の時点で，他の多くの人々の仕事をあわせ考えても，やはり同じなのである．

紙数のつごうで，ディラックの数値的宇宙論[24]を省いたことをお断わりしておく．また，力学変数のリー代数を調べて相対性の要求と量子化の問題を論じた仕事[25,26]も，正準形式を書きかえる試みの源流をなす論文[27]とともに，特殊相対性理論の枠内にあるという理由で割愛した．

文　献

ディラック自身の著作・論文には著者名を省略する.

1) 『量子力学（原書第 4 版）』朝永振一郎ほか訳, 岩波書店, 1968 年.
2) J. Mehra, 'The golden age of theoretical physics' : P. A. M. Dirac's scientific work from 1924 to 1933 ; A. Salam, E. P. Wigner 編, *Aspects of Quantum Theory* (Cambridge, 1972) の pp. 17-59. H. S. Kragh, *Dirac : A Scientific Biography* (Cambridge, 1990)
   これらの本にディラックの論文リストがある.
3) Note on the relativity dynamics of a particle, *Phil. Mag.*, **47** (1924), 1158-9.
4) エネルギー・運動量テンソルの集中として表現した粒子の力学については, 本文の第 25 節にも説明されているが, H. P. Robertson, T. W. Noonan, *Relativity and Cosmology* (W. B. Saunders, Philadelphia, 1968) の 5.2 節, 12.1 節をも参照.
5) F. Rohrlich, The electron : Development of the first elementary particle theory, J. Mehra 編, *The Physicists' Conception of Nature* (D. Reidel, Dordrecht-Holland, 1973), pp. 331-69 を参照.
6) Is there an aether?, *Nature*, **169** (1952), 146.
7) The Lorentz transformation and absolute time, *Physica*, **19** (1953), 888-96.
8) A new classical theory of electrons, *Proc. Roy. Soc.* (London), **A 209** (1951), 291-6, **A 212** (1952), 330-9, **A 223** (1954), 438-45.

9) H. Bondi and T. Gold, *Nature*, **169** (1952), 146. K. J. Le Couteur, *Nature*, **169** (1952), 146-7. L. Infeld, *Nature*, **169** (1952), 702.

10) Quantum mechanics and aether, *Scientific Monthly*, **78** (1954), 142-6.

11) *Contemporary Physics*, vol.1, p.539, Trieste Symposium (IAEA, Vienna, 1968).

12) Generalized Hamiltonian dynamics, *Canad. J. Math.*, **2** (1950), 129-48.

13) Generalized Hamiltonian dynamics, *Proc. Roy. Soc.* (London), **A 246** (1958), 326-32.

14) *Lectures on Quantum Mechanics* (Belfer Graduate School of Science, Yeshiva Univ., New York, 1964).

15) 位田正邦, 強粒子物理での光的アプローチ,「科学」1976 年 2 月号（岩波書店）を参照.

16) The theory of gravitation in Hamiltonian form, *Proc. Roy. Soc.* (London), **A 246** (1958), 333-43.

17) Fixation of coordinates in the Hamiltonian theory of gravitation, *Phys. Rev.*, **114** (1959), 924-30.

18) 山内恭彦, 内山龍雄, 中野董夫『一般相対性および重力の理論』（裳華房, 1969）.

19) 内山龍雄, 一般相対性理論と量子力学,「科学」1976 年 1 月号（岩波書店）19-26.

20) B. S. DeWitt, Quantum theory of gravity. I-The canonical theory, *Phys. Rev.*, **160** (1967), 1113-48 ; II-The manifestly covariant theory, *Phys. Rev.*, **162** (1967), 1195-239 ; III-Applications of the covariant theory, *Phys. Rev.*, **162** (1967), 1239-56.

21) Energy of the gravitational field, *Phys. Rev. Letters*, **2** (1959), 368-71.

22) Gravitationswellen, *Physikalische Blätter*, **16** (1960), 364-6.
23) Particles of finite size in the gravitational field, *Proc. Roy. Soc.* (London), **A 270** (1962), 354-6.
24) The cosmological constants, *Nature*, **139** (1937), 323 ; A new basis for cosmology, *Proc. Roy. Soc.* (London), **A 165** (1938), 199-208 ; Reply to R. H. Dicke, *Nature*, **192** (1961), 141.
    文献 2) の Salam, Wigner の本のなかに F. J. Dyson による分析 The fundamental constants and their time variation がある．簡単な解説は，江沢洋『場と量子——物理学ノート』（ダイヤモンド社，1976）にある．
25) Forms of relativistic dynamics, *Rev. Mod. Phys.* **21** (1949), 392-9.
26) The condition for a quantum field theory to be relativistic, *Rev. Mod. Phys.* **34** (1962), 592-6.
27) Homogeneous variables in classical dynamics, *Proc. Cambridge Phil. Soc.* **29** (1933), 389-401.

学芸文庫版訳者あとがき

ディラックが，1984年10月20日に亡くなってから20年以上になる．

本書は，彼が晩年フロリダ大学でしていた講義をもとにつくった *General Theory of Relativity*（1975）を翻訳したもので，1977年に東京図書から出版された．以後さいわい版を重ねてきたが，東京図書の方針が変わったのか絶版になった．

それが，このたび筑摩書房から，文庫という，より入手しやすい形で復活することになったのである．たいへん嬉しい．

本書は，一般相対性理論の主要な側面をディラック流に簡潔に提示している．読みやすい，大変よい入門書であると思う．著者ディラックも「はじめに」で言っているように，本書によって「最小の時間と労力でもって，一般相対性理論のわかりにくいところを突破し，専門的な研究に入ってゆける」であろう．確かに古い本だが，この意味の入門書としての価値に変わりはない．

天文台の原子時計による標準時の決定にも重力の効果を考慮しなければならなくなった．宇宙への進出がすすんでいる．また望遠鏡が一層強力になって宇宙創成の近くまで眼が届くようになりつつある．どこでも，不思議にと言いたいくらい，アインシュタインの一般相対性理論は正しく

成り立っている．これから，この理論の重要性はますます高まるであろう．

　勉学と研究の御成功を祈る．
　　　　2005 年 11 月

江沢　洋

　なお，$x_{\mu,\nu}$ 等と印刷すべきところ，コンマが見えにくくなるため $x_\mu,_\nu$ 等とした．書くときには注意していただきたい．

2017 年 3 月，第 8 刷にあたってメモ：

　重力波が 2015 年 9 月 14 日（現地時間），史上はじめて，アメリカはワシントン州とルイジアナ州にある重力波望遠鏡によって同時に直接検出された．これが発表されたのは，日本時間で 2016 年 2 月 12 日であった．2 つのブラック・ホールの合体によって放出された重力波だということで，それが地球にもたらした空間の歪みは 5×10^{-22} くらいだという．太陽と地球の距離 1.5×10^{13} cm が 10^{-8} cm（水素原子の直径くらい）伸縮する程度の小ささである．

　それまでは，重力波の存在は，観測された連星パルサーの公転周期の短縮（1 年（3×10^7 秒）あたり 7.6×10^{-5} 秒）が重力波の放出によるとして，1978 年に間接的に証明されていただけであった．

索　引

ア　行

アインシュタイン
　Einstein, Albert
　　　　　25, 60, 138
アインシュタイン方程式
　Einstein equation
　　　　　70, 99, 101, 116, 139
宇宙項　cosmological term
　　　　　138
埋めこみ　embedding　28
運動学的な変分
　kinematical variation
　　　　　105
運動方程式
　equation of motion
　　　　　39-40, 62, 107
エネルギー擬テンソル
　pseudo-energy tensor
　　　　　123, 127
エネルギー・テンソル
　energy tensor
　　電磁場の応力——
　　　stress-energy tensor
　　　　　112, 116
　　物質の——　97, 116
エネルギーの局所化
　localization of energy
　　重力場の——　124, 133

　　物質の——　98
エネルギー密度
　energy density　95
　　重力波の——　102, 135
　　重力場の——　95
　　電磁場の——　112
　　非重力的な——　95
　　物質の——　97
似非テンソル　nontensor
　　　　　23, 35
応力エネルギー・テンソル
　stress-energy tensor
　　　　　112, 116

カ　行

ガウスの定理
　Gauss's theorem　84
からっぽの空間　empty space
　　　　　60, 70, 79, 129, 138
荷電物質　charged matter
　　　　　115
基本テンソル
　fundamental tensor
　　　　　22, 24, 60
共変カール　covariant curl
　　　　　86
共変微分
　covariant derivative
　　　　　45-47

似非テンソルの—— 48
共変ベクトルの—— 45
積の—— 48
対称テンソルの——
  of symmetric tensor 86
反対称テンソルの——
  of antisymmetric tensor 85
反変ベクトルの—— 48
共変ベクトル
covariant vector 10
——の変換則
  transformation law 21
共変ベクトル場
covariant vector field 22
曲線座標
curvilinear coordinates 18
曲率テンソル
curvature tensor 51,65
——の対称性 symmetry 52
クリストッフェル記号
Christoffel symbol
第1種——
  of the first kind 34
第2種——
  of the second kind 36
空間的なへだたり
spacelike interval 25-26
計量 metric 21,26,35
——の行列式 15,81
——の行列式の微分 82
——の微分 derivative 90
計量テンソル metric tensor 21,26,35,60
固有時 proper time 39-40

サ 行

作用 action
  質点の場合の—— 108
  重力場の場合の—— 101
  電磁場の場合の—— 111,115
作用原理 action principle 101,117,118
作用密度 action density 102,111
座標波動 coordinate wave 132
シュヴァルツシルト時空
  Schwarzschild space-time 70,77
  ——における質点の自由落下 74
シュヴァルツシルト半径
  Schwarzschild radius 77
事象の地平線 event horizon 77
時間的なへだたり
  timelike interval 25
重力子のスピン
  spin of a graviton 137

重力の法則
　law of gravitation　60,95
重力波　gravitational wave
　　　　　　　　　　　129
　　——の偏り　polarization
　　　　　　　　　　　135
重力場　gravitational field
　——のエネルギーの局所化
　　　　　　　　124,133
　——のエネルギー密度　124
　——のポテンシャル　　61
　——のラグランジアン密度
　　　　　　　　　　　103
重力ポテンシャル
　gravitational potential
　　　　　　　　61,67,69
　地表における——　　　65
重力崩壊
　gravitation collapse
　　　　　　　　　　77,80
縮約　contraction　　　　12
商の定理　quotient theorem
　　　　　　　　　　　　24
スカラー曲率
　scalar curvature　　　　57
スカラー場　scalar field　22
スカラー密度　scalar density
　　　　　　　　　　82,102
ストークスの定理
　Stokes's theorem　　　87
水星　Mercury　　　　　73
ゼロ・ベクトル　null vector
　　　　　　　　　　　　36
世界線　world line　39,107
静的でない座標系　nonstatic
　system of coordinates　76
静的な座標系　static system
　of coordinates　　　62,67
静的な場　static field
　　　　　　　　62,67,98
赤方偏移　red shift　　67,75
全曲率　total curvature　57
添字　suffix
　——の上げ下げ
　　raising, lowering
　　　　　　　　16-17,23
　——のバランス　9,12,18
測地線　geodesic
　　　　　　38,41,62,100
　ゼロ——　null geodesic　38
　——の停留性
　　stationary property　41
　平行移動で定義した——　38
　粒子の世界線としての——
　　　　　　　　39,60,97

タ　行

ダミー添字　dummy suffix
　　　　　　　　　　　　12
ダランベールの方程式
　d'Alembert equation
　　　　　　　　49,64,129
太陽系　solar system
　　　　　　　　　60,138

平らな空間　flat space 53, 95
　——の条件　53
調和座標
　harmonic coordinate 89, 129
直線座標
　rectilinear coordinate 25, 28
テンソル　tensor 10-11, 21-22
　エネルギー・—— 97
　基本—— 22, 24, 35, 60
　曲率—— 51, 65
　計量—— 21, 24, 35, 60
　似非—— 23, 35
　対称——
　　symmetric tensor 86
　反対称——
　　antisymmetric tensor 85
　——場　tensor field 20
　——密度　tensor density 82
　リーマン-クリストッフェル・—— 51
　リッチ・—— 57
電流密度
　electric current density 92, 114

ナ　行

内積　inner product 11
流れ　current, flow 85
　物質の—— 107
ニュートン近似
　Newtonian approximation 62, 69, 98

ハ　行

場の方程式の独立性
　independence of field equations 117, 122
白色矮星　white dwarf 69, 77
反変ベクトル
　contravariant vector 10
　——の変換則
　　transformation law 20
ビアンキの関係式
　Bianchi relations 56, 95, 116-117
光の径路
　path of a light ray 40
ブラック・ホール　black hole 80
不変距離　invariant distance 25
物質の連続的な分布
　continuous distribution of matter 105
ベクトル場　vector field 20

平行移動
  parallel displacement
    27, 32, 36, 38
ポアッソン方程式
  Poisson equation 99
ポインティング・ベクトル
  Poynting vector 112
ポテンシャル potential 61
  重力場の―― 61
  地表における重力―― 65
  電磁場の―― 91
保存則 conservation law
    86, 95
  エネルギーの―― 95
  質量の―― 99
  電荷の―― 93
  物質の―― 96

マ 行

マクスウェル方程式
  Maxwell equation
    91, 116
曲がった空間 curved space
    25, 65
面要素 surface element 87

ヤ 行

弱い場の近似
  weak field approximation
    64, 98, 129

ラ 行

ラグランジアン Lagrangian
    102
  質点の―― 107
  重力場の―― 102
  電荷をもつ物質分布の――
    115
  電磁場の―― 111
  分布した物質の―― 108
ラプラスの方程式
  Laplace equation 64
リーマン-クリストッフェル・テンソル
  Riemann-Christoffel
  tensor 51
リーマン空間
  Riemann space 25
リッチ・テンソル
  Ricci tensor 57
  ――の表式
    explicit expression 40
流束 flux 96
ローレンツ力 Lorentz force
    116

ワ 行

惑星の運動
  motion of planets 61, 73

記 法

, (コンマ) 18

′（ダッシュ）	20	√（ルート）	82
：（コロン）	46		

本書は、一九七七年一月二〇日、東京図書株式会社より刊行されたものである。

ゲームの理論と経済行動 II
ノイマン/モルゲンシュテルン
銀林/橋本/下島訳

第Ⅰ巻でのゼロ和2人ゲームの考察を踏まえ、第Ⅱ巻ではプレイヤーが3人以上の場合のゼロ和ゲーム、およびその合成分解について論じる。

ゲームの理論と経済行動 III
ノイマン/モルゲンシュテルン
銀林/橋本/宮本訳

第Ⅲ巻では非ゼロ和ゲームにまで理論を拡張。これまでの数学的結果をもとにいよいよ経済学的解釈を試みる。全3巻完結。(中山幹夫)

計算機と脳
J・フォン・ノイマン
柴田裕之訳

脳の振る舞いを数学で記述することは可能か? 現代のコンピュータの生みの親でもあるフォン・ノイマン最晩年の考察。新訳。(野崎昭弘)

数理物理学の方法
J・フォン・ノイマン
伊東恵一編訳

多岐にわたるノイマンの業績を展望するための文庫オリジナル編集。本巻は量子力学・統計力学など理学の重要論文四篇を収録。全篇新訳。

作用素環の数理
J・フォン・ノイマン
長田まりゑ編訳

終戦直後に行われた講演「数学者」と、一分野としての作用素環を確立した記念碑的論文Ⅰ〜Ⅳの計5篇を収録。

新・自然科学としての言語学
福井直樹

気鋭の文法学者によるチョムスキーの生成文法解説書。文庫化にあたり旧著を大幅に増補改訂し、付録として黒田成幸の論考「数学と生成文法」を収録。

電気にかけた生涯
藤宗寛治

実験・観察にすぐれたファラデー、電磁気学にまとめあげたマクスウェル、ほかにクーロンやオームなど科学者十二人の列伝を通して電気の歴史をひもとく。

科学の社会史
古川安

大学、学会、企業、国家などと関わりながら「制度化」の歩みを進めて来た西洋科学。現代に至るまでの約五百年の歴史を概観した定評ある入門書。

ロバート・オッペンハイマー
藤永茂

マンハッタン計画を主導し原子爆弾を生み出したオッペンハイマーの評伝。多数の資料をもとに、政治に翻弄、欺かれた科学者の愚行と内的葛藤に迫る。

エキゾチックな球面　野口廣

7次元球面には相異なる28通りの微分構造が可能！ フィールズ賞受賞者を輩出したトポロジー最前線を臨場感ゆたかに解説。（竹内薫）

数学の楽しみ　テオニ・パパス

ここにも数学があった！ 石鹸の泡、くもの巣、雪片曲線、一筆書きパズル、魔方陣、DNAらせん……。イラストでも楽しい数学入門150篇。（細谷暁夫）

相対性理論（下）　安原和見訳　W・パウリ

アインシュタインが絶賛し、物理学者内山龍雄をして、研究をやめさせようかと言わしめたかったという相対論三大名著の一冊。

物理学に生きて　内山龍雄訳　W・ハイゼンベルクほか

「わたしの物理学は……」ハイゼンベルク、ディラック、ウィグナーら六人の巨人たちが集い、それぞれの歩んだ現代物理学の軌跡や展望を語る。

調査の科学　林知己夫　青木薫訳

消費者の嗜好や政治意識を測定すると？ 集団特性の数量的表現の解析手法を開発した統計学者による社会調査の論理と方法の入門書。（吉野諒三）

インドの数学　林隆夫

ゼロの発明だけでなく、数表記法、平方根の近似公式、順列組み合せ等大きな足跡を残してきたインドの数学を古代から16世紀まで原典に残して辿る。

幾何学基礎論　中村幸四郎訳　D・ヒルベルト

20世紀数学全般の公理化への出発点となった記念碑的著作。ユークリッド幾何学を根源まで遡り、斬新な観点から厳密に基礎づける。（佐々木力）

素粒子と物理法則　小林澈郎訳　R・P・ファインマン／S・ワインバーグ

量子論と相対論を結びつけるディラックのテーマを対照的に展開したノーベル賞学者による追悼記念講演。現代物理学の本質を堪能させる三重奏。

ゲームの理論と経済行動Ⅰ（全3巻）　阿部／橋本訳　銀林／橋本／宮本監訳　ノイマン／モルゲンシュテルン

今やさまざまな分野への応用いちじるしい「ゲーム理論」の嚆矢とされる記念碑的著作。第Ⅰ巻はゲームの形式的記述とゼロ和2人ゲームについて。

代数的構造　遠山啓

群・環・体など代数の基本概念の構造を、構造主義の歴史をおりまぜつつ、卓抜な比喩とていねいな計算で確かめていく抽象代数学入門。(銀林浩)

現代数学入門　遠山啓

現代数学、恐るるに足らず！ 学校数学より日常の感覚の中に集合や構造、関数や群、位相の考え方を探る大人のための入門書。(エッセイ 亀井哲治郎)

代数入門　遠山啓

文字から文字式へ、そして方程式へ。巧みな例示と丁寧な叙述で「方程式とは何か」を説いた最晩年の名著。遠山数学の到達点がここに！ (小林道正)

オイラー博士の素敵な数式　ポール・J・ナーイン　小山信也訳

数学史上最も偉大で美しい式を無限級数の和やフーリエ変換、ディラック関数などの歴史的側面を説明した後、計算式を用い丁寧に解説した入門書。

不完全性定理　野﨑昭弘

事実・推論・証明……。理屈っぽいとケムたがられるかもしれないけれど、なるほどと納得させながら、ユーモアたっぷりにひもといたゲーデルへの超入門書。

数学的センス　野﨑昭弘

美しい数学とは詩なのです。いまさら数学者にはなれないけれど数学を楽しめたら……。そんな期待に応えてくれる心やさしいエッセイ風数学再入門。

高等学校の確率・統計　黒田孝郎／森毅／小島順／野﨑昭弘ほか

成績の平均値や偏差値はおなじみでも、実務の水準とは隔絶している。いまさら数学者にはなれないけれど数学を楽しめたら……。基礎からやり直したい人のための説の検定教科書を指導書付きで復活。

高等学校の基礎解析　黒田孝郎／森毅／小島順／野﨑昭弘ほか

わかってしまえば日常感覚に近いものながら、数学挫折のきっかけの微分・積分。その基礎を丁寧にひもとく再入門のための検定教科書第2弾！

高等学校の微分・積分　黒田孝郎／森毅／小島順／野﨑昭弘ほか

高校数学のハイライト〝微分・積分〟。その入門コース『基礎解析』に続く本格コース。公式暗記の学習からほど遠い、特色ある教科書の文庫化第3弾。

物理学入門	武谷三男	科学とはどんなものか。ギリシャの力学から惑星の運動解明まで、理論変革の跡をひも解いた科学論。(上條隆志)
数は科学の言葉	トビアス・ダンツィク 水谷淳訳	数感覚の芽生えから実数の誕生・無限論の三段階論で知られる著者の入門書。数万年にわたる人類と数の歴史を活写。アインシュタインも絶賛した数学読み物の古典的名著。
常微分方程式	竹之内脩	初学者を対象に基礎理論を学ぶとともに、重要な具体例を取り上げ、それぞれの方程式の解法について解説する。後半に「微分方程式雑記帳」を収録する。練習問題を付した定評のある教科書。
数理のめがね	坪井忠二	身のかぞえかた、勝負の確率といった身近な現象の本質を解き明かす地球物理学の大家による数理エッセイ。
一般相対性理論	P・A・M・ディラック 江沢洋訳	一般相対性理論の核心に最短距離で到達すべく、卓抜した数学的記述で簡明直截に書かれた天才ディラックによる入門書。詳細な解説を付す。
幾何学	ルネ・デカルト 原亨吉訳	哲学のみならず数学においても不朽の功績を遺したデカルト。『方法序説』の本論として発表された『幾何学』、初の文庫化! (佐々木力)
不変量と対称性	リヒャルト・デデキント 今井淳/寺尾宏明/中村博昭 渕野昌訳・解説	変えても変わらない不変量とは? そしてその意味や用途とは。ガロア理論や結び目の現代数学に現われる、上級の数学者解説を付す。新訳。
数とは何かそして何であるべきか	リヒャルト・デデキント 渕野昌訳・解説	「数とは何かそして何であるべきか?」「連続性と無理数」の二論文を収録。現代の視点から数学の基礎付けを試みた充実の訳者解説を付す。
数学的に考える	キース・デブリン 冨永星訳	ビジネスにも有用な数学的思考法とは? 言葉を厳密に使い、量を用いて考える、分析的に考えるといったポイントからとことん丁寧に解説する。

ちくま学芸文庫

一般相対性理論

二〇〇五年十二月十日 第一刷発行
二〇二二年七月十五日 第十刷発行

著 者 P・A・M・ディラック
訳 者 江沢 洋 (えざわ・ひろし)
発行者 喜入冬子
発行所 株式会社 筑摩書房
　　　 東京都台東区蔵前二―五―三 〒一一一―八七五五
　　　 電話番号 〇三―五六八七―二六〇一 (代表)
装幀者 安野光雅
印刷所 大日本法令印刷株式会社
製本所 株式会社積信堂

乱丁・落丁本の場合は、送料小社負担でお取り替えいたします。
本書をコピー、スキャニング等の方法により無許諾で複製する
ことは、法令に規定された場合を除いて禁止されています。請
負業者等の第三者によるデジタル化は一切認められていません
ので、ご注意ください。

© HIROSHI EZAWA 2005 Printed in Japan
ISBN4-480-08950-0 C0142